프랑스 혁명과 수학자들

데카르트로부터 가우스까지

다무라 사부로 지음
손영수·성영곤 옮김

전파과학사

머리말

1989년은 프랑스 혁명이 발발한 지 200년이 되는 해다. 프 랑스 혁명과 나폴레옹 시대의 프랑스는 바로 격동의 시대였다. 혁명을 수행한 사람들은 절대 왕정을 타도하여 공화주의 국가 를 건설했을 뿐만 아니라, 반혁명 세력과 그것을 지원하는 유 럽의 모든 나라를 상대로 전쟁을 했다.

또 혁명을 추진한 그룹 중에서도 심각한 대립과 분열이 생 겨, 정권을 장악하고 있는 사람도 언제 쿠데타에 의해 자신이 단두대에 세워질지 모르는 상태였다.

이런 시대에 수학자들은 어떻게 살아가고 있었을까? 격동의 시대야말로 인간성이 가장 적나라하게 드러나는 때라고 생각된 다. 적극적으로 혁명의 추진에 노력했음에도 불구하고, 반대파 에 의해 추방되어 옥중에서 자살한 콩도르세, 혁명전쟁 중 프 랑스군에 승리의 계기를 만들어 '승리의 조직자'로 칭송되나, 나폴레옹에 대해 냉엄한 비판의 눈을 돌렸던 카르노, 과학자로 서 대포와 화약의 제조에 힘을 쏟았고 나폴레옹에 대해서는 마 음으로부터의 충성을 서약하고 나폴레옹이 몰락한 후에는 모든 공직에서 추방되어 파리의 빈민굴에서 죽어간 몽주, 나폴레옹 에게 중용되었지만 그를 배반한 라플라스와 푸리에 등, 그들의 삶에는 매우 흥미진진한 것이 있다. 이 책에서는 그 수학자 들의 수학에 대한 업적보다는 삶의 태도를 중심으로 얘기하 기로 한다.

1장에서는 프랑스 혁명 전의 시대인 절대 왕정 시대를 개관

한다. 이 시대는 근대 과학이 성립한 시기와 일치하고 있기 때문이다. 2장에서는 프랑스 혁명을 사상적으로 준비했다고도 할 수 있는 계몽사상에 대해서 언급한다. 그리고 3장에서는 프랑스 혁명의 개략적인 진전 상황을 얘기한다. 수학자들은 다음의 세 가지 측면에서 혁명에 관여하고 있었다고 생각된다.

(가) 교육 제도의 개혁

(나) 도량형의 통일

(다) 혁명전쟁의 추진

따라서 이것을 4장, 5장, 6장에서 설명한다. 프랑스 혁명에 이어지는 나폴레옹 시대도 넓은 의미에서 프랑스 혁명에 포함시키기로 하고, 그것을 7장에서 설명하기로 한다. 또 이 장에서는 이 시대를 살아간 수학자이면서도 혁명 중에 이름이 나오지 않았던 수학자들을 다루었다. 마지막으로 프랑스 혁명 후 수학의 상태도 간단히 언급한다.

수학은 자칫 이지적이고 차디찬 학문이라고 생각하는 사람들이 많으리라 생각한다. 내가 이 책에서 가장 호소하고 싶은 것은 격동의 프랑스 혁명 속에서, 저마다 인간적으로 살아간 수학자들의 생활상을 앎으로써 조금이나마 수학에 대한 친근감을 가지게 되었으면 하는 점이다.

다무라 사부로

차례

6

4

4장 교육 제도의 개혁과 수학자 ·· 65

1. 구제도 하의 교육 66
2. 신헌법 하의 공교육의 개혁 68
   콩도르세(1743~1794) 74
   아르보가스트(1759~1803) 83
3. 에콜 폴리테크닉 85
   몽주(1746~1818) 87

5장 도량형의 통일과 수학자 ·· 97

1. 미터법의 제정 98
2. 새로운 혁명력을 작성 104
   라그랑주(1736~1813) 108
   르장드르(1752~1833) 116
   보르다(1733~1799)와 쿨롱(1736~1806) 119
   드람브르(1765~1843)와 메셴(1744~1804) 121

6장 혁명전쟁의 추진과 수학자 ·· 125

1. 내우냐, 외환이냐 126
   카르노(1753~1823) 131
2. 전쟁과 과학자들 145
   반데르몬드(1735~1796) 147
   무니에(1754~1793) 150

1장
절대 왕정과 수학자들

16세기 중엽부터 프랑스 혁명이 일어나기까지 약 200여 년간의 유럽의 정치 형태를 가리켜 절대왕정시대(絶對王政時代)라고 일컫는다. 중세의 지방 분권적인 봉건 사회에 비하여, 중앙 집권화가 진행되고 국왕이 군사, 행정, 경제 등 모든 분야에서 절대적인 권한을 누렸던 시대이다.

그러한 국왕과 여왕 중에는 정치뿐만 아니라, 학문과 예술 등 문화 방면에 흥미를 가지고, 우수한 학자들을 자기 나라로 초빙하여 학문과 예술을 국위 선양의 터전으로 이용한 사람들도 있었다. 학자와 예술가들도 이 같은 보호자의 혜택으로 연구를 계속하고 작품을 만들 수가 있었다.

이 절대 왕정 시대는 근대 과학, 특히 새로운 수학인 해석기하학과 미분적분학, 또 나아가서는 근대 물리학의 성립 시기와도 일치하고 있다. 그렇다면 그 시대의 수학자들은 어떻게 살아가고 있었을까? 대체로 다음의 네 가지 유형으로 나눌 수 있다.

⑴ 귀족 출신으로서 유유자적한 생활을 즐기면서 수학을 연구한 사람들(예 : 네이피어, 달랑베르 등)

⑵ 다른 직업을 가지면서 여가에 수학을 연구한 사람들(예 : 비에트, 페르마, 파스칼 등)

⑶ 국왕이나 부유한 귀족의 후원을 받아 수학을 연구한 사람들 (예 : 데카르트, 라이프니츠, 오일러 등)

⑷ 대학에서 학생들에게 수학을 가르치면서 자신의 수학 연구를 계속한 사람들(예 : 뉴턴, 베르누이 일가의 수학자들)

수학자들을 일단 위의 네 가지 그룹으로 나누어 보기는 하였으나 그렇다고 꼭 이렇게 엄밀히 분류할 수 있다는 것은 아니다. 달랑베르를 일단 (1)로 분류하기는 하였지만, 그를 (3)에 포함시켜야 할지도 모르고, 반대로 데카르트나 파스칼은 (1)에 포함시키는 것이 마땅할지도 모른다.

당시의 수학자는 그 누구도 전적으로 수학만으로 살아간 것은 아니었다. 귀족 출신으로 유유자적한 가운데 수학을 연구한 네이피어나 파스칼만 하더라도 수학 이외의 분야에서도 활약하고 있었으며, 데카르트나 라이프니츠는 수학자로서보다는 철학자로서 더 유명하다. 뉴턴은 오히려 물리학자로 더 잘 알려져 있고, 또 만년에는 조폐국(造幣局) 장관으로 활약하였다.

(4)로 분류한 수학자들이 현재의 수학자 이미지에 가장 가까울지 모른다. 그러나 뉴턴만 하더라도 대학에서 강의를 할 때 자주 대자연의 교실, 즉 하늘을 쳐다보고는 쓸쓸히 자기 방으로 돌아왔다는 에피소드가 전해지고 있다. 대학 교수로서의 뉴턴과 연구자로서의 뉴턴 사이에는 어딘가 잘 어울리지 않는 일면이 있었다는 것을 시사하고 있다. 그러나 프랑스 혁명을 계기로 하여 수학자들도 자신의 연구를 계속해 가면서, 한편으로는 학생을 자신과 같은 과학자, 수학자로 키워 나갈 수 있는 교수로서의 생활을 할 수 있게 되었다.

1. 16세기 후반의 수학자들

가장 일찌감치 절대 왕정 시대를 쌓아올린 것은 펠리페 2세 (재위 1556~1598) 시대의 스페인이었다. 스페인 본토 외에 포르투갈, 네덜란드(지금의 네덜란드와 벨기에), 밀라노, 나폴리, 시칠리아 등 유럽 각지와 멕시코, 페루, 서인도 제도 및 필리핀 군도까지 지배하여 이른바 '해가 지는 일이 없는 제국'을 실현하고 있었다.

펠리페 2세와 거의 같은 무렵, 영국의 엘리자베스 1세(재위 1558~1603)는 부왕 헨리 8세가 성립시킨 영국의 국교회(國敎會)를 확립하는 동시에 행정 기구를 정비하고 무역 회사를 보호, 육성함으로써 무역의 확대와 해외 진출을 꾀했고, 한편으로는 무적함대를 격파하여 스페인의 해상 지배에 결정적인 타격을 안겨 주었다. 이로써 영국 국민의 자각이 높아지고, 영국은 일개 섬나라로부터 해상 제국으로 성장할 기초를 굳혔다.

프랑스에서는 앙리 3세가 암살된 후 즉위한 앙리 4세(재위 1589~1610)가 낭트 칙령(L'Edit de Nantes)을 선포하여 신앙의 자유를 인정함으로써 종교적 내란을 수습하고, 국내를 정비, 개발하여 절대 왕정의 기초를 확립했으나 결국은 광신적인 구교도에 의해 암살당했다.

'대수학의 아버지' 비에트

비에트(1540~1603)는 법률을 공부하여 어느 귀족의 고문 변호사가 되었으나 서른 살 무렵 프랑스 왕실의 앙리 3세의 고문이 되었다. 그는 수학 전문가는 아니었으나 여가에 수학 연구를 계속하여 대수학, 기하학, 삼각법 등 각 방면에서 빛나는 업적을 쌓았다. 비에트 이전의 대수학은 미지량(未知量)까지도 기호로 나타내어 글자 그대로 수학 일반을 다룰 수 있는 기호대수학(記號代數學)을 만들었다. 이 때문에 후세에 와서 비에트는 '대수학의 아버지'로 일컬어지게 되었다.

비에트(1540~1603)

벨기에의 어느 수학자가 45차 방정식

$$x^{45} - 45x^{43} + 945x^{41} - \cdots - 3795x^3 + 45x = K$$

의 해(解)를 구하라고 세계의 수학자들에게 도전장을 던진 일이 있었다. 이 일을 알게된 앙리 4세는 프랑스의 명예를 걸고 이 문제를 풀라고 비에트에게 부탁했다.

그는 이 방정식은

K = sin45θ일 때,

x = 2sinθ

를 만족시키는 방정식이라는 것을 알아채고 곧 해답을 얻어냈다고 한다.

당시의 스페인은 펠리페 2세의 시대로 네덜란드, 이탈리아, 남북 아메리카에서부터 필리핀에 이르는 강대한 세력을 자랑하고 있었다. 스페인으로부터 이들 영지로 파견된 특사들은 스페인 본국과의 연락에 암호를 사용하고 있었다. 이 암호를 손에 넣은 앙리 4세는 비에트에게 해독을 명령했다. 이것은 아주 복

네이피어(1550~1617)

잡한 암호여서 키를 알지 못하는 한 절대로 해독이 불가능하다고 여겨지고 있었는데, 비에트는 거뜬히 이 해독에 성공했다. 이 사실을 안 스페인 측은, 프랑스가 악마와 결탁하여 마술의 힘으로 해독한 것이 틀림없다고 생각하고 프랑스를 처벌하도록 로마 교황에게 제소했다고 한다.

로그의 발명자 네이피어

네이피어(1550~1617)는 영국 스코틀랜드의 마티스턴 성주의 아들로 태어나 만년에는 이곳의 성주가 되었다. 젊은 시절의 네이피어는 스페인의 침입에 대비하여 이를 격퇴하기 위한 여러 가지 장치 연구에 힘을 쏟았다. 태양 광선을 초점에 모아 불이 나게 하는 발화경(發火鏡), 1.6㎞의 둘레 안에 있는 인간을 몰살시킬 수 있는 대포, 전차와 잠수함 등도 고안했다. 그러나 스페인의 무적함대가 영국 함대에 의해 격파 당했기 때문에 이들 발명품이 실제로 이용될 기회는 없었다.

네이피어가 살던 때는 계산의 필요성이 통감되고 있던 시대였다. 항해를 위해서는 삼각함수표를 사용하는 복잡한 계산이 필요했고, 상공업의 발달에 수반하여 복리 계산이 일상적인 일로 이용되고 있었다. 그중에서도 천문학상의 여러 가지 계산은 방대한 계산량을 필요로 하고 있었다. 네이피어는 로그(log)라는 개념을 발표하여 사람들을 수치 계산의 번거로움으로부터 해방시켰다. 그 때문에 로그의 발명은 천

1장 절대 왕정과 수학자들 15

문학자의 수명을 갑절로 늘리게 되었다고 말하고 있다.

2. 17세기 전반의 수학자들

17세기 전반의 영국에서는 엘리자베스 여왕의 뒤를 제임스 1세(재위 1603~1625)가 잇고 있었다. 제임스 1세는 왕권신수설(王權神授說)을 신봉하였고 내정과 외교에서 의회와 자주 다투고 있었다. 프로테스탄트(청교도)는 주로 신흥 중산 계급의 사람이 많았고, 차츰 의회에서도 세력을 갖게 되었기 때문에 이 종교상의 대립이 국왕 대 의회라고 하는 정치상의 대립으로 번져 갔다.

국왕과 의회의 대립은 제임스 1세의 아들 찰스 1세(재위 1625~1649)의 시대가 되자 더욱 격화하여 마침내 청교도 혁명으로까지 발전했다.

왕당파를 지지하는 사람들은 봉건적인 귀족이나 지주, 고급 신부와 보수적인 농민들로서 국교도나 가톨릭교도가 많았고, 한편 의회파를 지지하는 사람은 상인과 산업가, 노동자, 자영 농민 등의 신흥 중산 계급으로 청교도가 많았다. 따라서 이 혁명은 낡은 봉건 사회에 대한 신흥 중산 계급의 반항이라고 하는 프랑스 혁명과 같은 구조를 갖고 있었다고 생각할 수 있다.

17세기 전반의 독일은 30년 전쟁의 싸움터가 되어, 그 때문에 인구의 3분의 1을 잃고 농촌은 황폐화되어 있었다. 13세기 말부터 합스부르크 왕가가 지배하는 오스트리아가 신성 로마 황제(독일 황제)의 지위를 세습하고 있었는데, 보헤미아의 신교

16

도가 프리드리히 5세를 왕으로 옹립하고 독일 황제에 반항하여 반란을 일으켰고, 이것이 계기가 되어 30년간 독일 전국이 전쟁터가 되었던 것이다. 그 결과 제후(諸侯)의 주권이 인정되고 황제의 권한은 유명무실한 존재가 되었다.

프랑스는 앙리 4세의 아들 루이 13세(재위 1610~1643)의 시대였는데 왕은 국사보다는 음악과 사냥을 더 좋아했다. 이때 국내의 질서를 유지하고 국제적으로 프랑스의 세력을 확립한 것이 재상 리슐리외였다. 리슐리외는 국내에서는 신교도를 탄압하면서도 독일의 30년 전쟁에 참전하여 독일의 신교도 군을 원조했다. 한편 리슐리외는 귀족의 세력까지 억압하고 중앙집권적 관료 제도를 확립함으로써 왕권의 강화에 힘썼다. 또 문학 동호인들이 모여 있던 살롱을 국왕이 공인하는 아카데미 프랑세즈로 만든 것도 그였다.

좌표기하학의 창시자 데카르트

데카르트(1596~1650)는 프랑스의 소귀족 집안에서 태어났다. 그러나 그는 귀족으로서의 생활을 즐기지 않고 군대에 들어갔다. 30년 전쟁에 종군하였고 야영 중 침대 안에서 천장을 기어 다니는 파리를 보고 있다가, 문득 파리의 위치를 나타낼 좌표라는 착상이 떠올랐다고 한다.

이 좌표기하학(해석기하학)에 대한 아이디어가 그 후 수학의 발전에 크게 기여한 것은 의심할 바 없다. 그가 군복무를 마치고 네덜란드의 작은 마을에 살고 있을 때, 프리드리히 5세의 장녀 엘리자베스 왕녀도 그 마을에 망명해 있었다.

그녀는 데카르트에게 청하여 수학과 철학을 배웠다. 데카르

트는 엘리자베스를 가리켜, "나의 논
문을 모조리, 그리고 완전하게 이해
한 사람은 왕녀 단 한 사람뿐이다"
라고 말했을 정도다. 엘리자베스는
네덜란드를 떠난 후에도 데카르트와
서신을 교환하였으며, 데카르트가 죽
은 뒤 그의 저서를 출판하는 데도
힘을 썼다.

데카르트(1596~1650)

데카르트의 평판을 들은 스웨덴의
크리스티나 여왕은 꽤나 억척스럽게도 데카르트를 스톡홀름으
로 맞아들였다. 그가 스톡홀름에 도착한 것은 겨울이 시작되려
는 10월이었다. 북국인 스톡홀름의 겨울은 모든 것이 얼어붙을
만큼 춥다. 어릴 적부터 잠꾸러기였던 데카르트는 일주일에 두
번, 그것도 새벽 5시부터 찬바람이 몰아치는 넓은 궁정에서 여
왕에게 강의를 해야 했다. 끝내 그는 감기에 걸려 폐렴으로 발
전했고, 그 때문에 스톡홀름에 온지 석 달 만에 세상을 떠났다.

아마추어 수학자 페르마

같은 프랑스 출신의 페르마(1601~1665)는 행정관과 지방의회
의 의원으로 지내는 한편 수학 연구를 취미로 삼고 있었다. 페
르마는 자기의 연구 성과를 정리하여 책으로 저술하는 일은 하
지 않았다. 그저 자신이 얻은 결과를 편지로 써서 사람들에게
알리거나 자신이 읽던 책의 여백에 적어 놓거나 했다.

페르마는 정수론(整數論)에서 해결되지 않고 있는 '페르마의
문제'의 제기자로 알려져 있는데, 이것도 그리스의 수학자 디오

페르마(1601~1665)

판토스의 저서 여백에 메모되어 있던 문제였다.

페르마는 데카르트와 거의 같은 무렵 해석기하학에 대한 구상을 가졌고, 이 좌표라는 생각을 이용하여 곡선의 접선 기울기를 구하는 방법을 고안하였다. 따라서 페르마는 미분적분학 성립의 일보 직전까지 도달해 있었다고도 말할 수 있다.

천재 소년 파스칼

파스칼(1623~1662)은 프랑스 동부의 소읍 클레르몽의 세무재판소 관리의 아들로 태어났다. 그는 어릴 적부터 총명하여 열여섯 살 때 『원추곡선론(円錐曲線論)』을 저술하여 사람들을 놀라게 했다. 그 가운데는 현재 '파스칼의 정리'로 불리는 정리(定理)가 포함되어 있다. 이후 수학뿐 아니라 물리학 방면에서도 '파스칼의 원리'를 발견하는 등 훌륭한 업적을 남겼다.

또한 수녀가 된 누이동생 자클린의 권고에 의해 파스칼은 종교로 마음을 돌려 종교 활동에 투신했다. 그 무렵 얀센파와 야소파(제수이트파) 사이에 종교 논쟁이 벌어져서 파스칼은 얀센파를 위해 논진을 펼쳤다. 그때의 파스칼의 짧은 에세이를 모은 것이 『팡세(Pensees)』인데, 여기에는 인간의 본성에 관한 깊은 통찰과 신앙에 대한 예리한 분석이 포함되어 있다. 종교에 헌신하고 있을 때 치통을 앓아 심한 고통을 겪었다. 그는 이 고통에서 벗어나려고 사이클로이드 문제를 생각하여 그것을 해결했다.

누이동생 자클린이 죽은 지 열 달
만에 그도 39살 생애를 마감했다.

파스칼(1623~1662)

3. 17세기 후반의 수학자들

17세기 후반의 영국에서는 청교도
혁명의 결과로 크롬웰이 정권을 장악
했는데 크롬웰이 죽은 후 그의 엄격한 청교도주의에 국민이 불
만을 갖게 되었고 그 때문에 왕당파가 세력을 되찾아 왕정이
부활했다.

그러나 찰스 2세(재위 1660~1685)와 그의 동생인 제임스 2세
(재위 1685~1688)는 반동화하여 다시 국왕과 의회가 대립하게
되었다. 그 뒤 한 방울의 피도 흘리지 않고 이루어진 명예혁명
(名譽革命)에 의해 네덜란드로부터 윌리엄 3세(재위 1689~1702)
를 맞이했고, 이어서 왕비의 누이동생 앤(재위 1702~1724)이
여왕의 자리에 앉았다.

영국에서 청교도 혁명이 한창 진행 중일 때, 국토의 황폐를
개탄하는 과학자들이 자기들의 연구회를 조직하여 모임을 갖고
있었는데, 1662년 찰스 2세의 특허장을 받아 런던왕립협회
(London Royal Society)가 설립되었다. 초대 회장은 물리학자
훅이었다.

30년 전쟁 후 독일 북부의 제후들의 힘이 강해지기 시작했
다. 이를테면 북서부의 하노버 집안과 북동부에서 성장한 프로

이센왕국 등이다. 프로이센은 프로테스탄트(루터파)로 개종하는 동시에, 독일 북부의 신교 소국가들의 지도자, 보호자가 되었다. 이에 대해 남독일의 가톨릭 소국가들은 오스트리아를 지도자로 받들게 되어, 독일에 2대 세력이 대립하게 되었다.

서유럽의 문화를 대규모로 수입하여 근대화를 꾀하고, 러시아에 절대 왕정을 확립한 것은 피오트르 대제(재위 1682~1726)이다. 국내에서의 개혁뿐 아니라 스웨덴과의 북방전쟁에서 승리하고 발트해 연안의 땅을 얻어 바다로 진출하려는 숙원을 달성했다. 또 터키와 싸워 흑해 방면으로 진출할 발판을 확보하는 동시에 동방으로도 진출하여 시베리아 개발에 착수했다. 또 라이프니츠의 의견을 받아들여 페테르부르크에 과학아카데미를 개설했다.

한편 프랑스에서는 태양왕 루이 14세(재위 1643~1715)가 즉위하여 프랑스의 절대 왕정은 최성기를 맞이한다. 루이 14세 시대의 경제 발전에 큰 기여를 한 사람은 재무장관 콜베르이다. 그가 취한 공업, 상업 정책은 '콜베르주의'라고도 불리는 중상주의(重商主義)이므로, 이 전쟁에 이기기 위해서는 국가가 국내 산업의 보호 육성과 무역 관리를 해야 한다고 주장하고 이것을 실행하여 큰 성과를 올렸다.

이 경제적 번영을 바탕으로 루이 14세는 군제(軍制)를 개혁하여 유럽 최강의 육군을 만들고 이 강력한 육군을 배경으로 갖가지 침략전쟁을 하였다. 프랑스에게 유리한 '자연국경설(自然國境設)'을 주장하고, 적극적인 대륙 정책으로 네덜란드 전쟁, 팔츠 계승전쟁, 스페인 계승전쟁 등을 벌였으나 큰 이익은 없었다. 도리어 많은 국비와 인명을 낭비하게 되어 프랑스 쇠퇴의

원인을 만들었다.

콜베르는 문화면도 주시하고 있었다. 동호인의 모임이던 메르센느 학회를 루이 14세의 인가를 얻어 파리 왕립 과학아카데미로 만들었다(1662). 이 과학아카데미 설립은 이후 프랑스 과학의 전진에 큰 역할을 하게 된다.

뉴턴(1642~1727)

만유인력의 뉴턴

뉴턴(1642~1727)이 영국의 한 시골 자영농의 집안에서 태어난 그해, 청교도 혁명이 시작되어 영국은 큰 혼란 속에 있었는데, 뉴턴이 케임브리지대학에 들어가기 1년 전에 왕정이 복고되었다. 뉴턴이 21살이던 무렵, 영국에 흑사병이 크게 번져 대학도 한때 폐쇄되었다.

뉴턴은 부득이 고향으로 돌아왔다. 고향에 돌아와 있던 이 1년 반이야말로 과학사상 '경이의 18개월'이라고 불리는 기간이다. 이 1년 반 사이에 뉴턴은 미분적분학에 대한 구상을 했을 뿐 아니라, 만유인력의 법칙과 빛과 색체에 대한 새로운 이론을 착상했고 또 반사망원경도 발명했다. 고향에서 케임브리지로 돌아왔을 때, 은사 바로우는 뉴턴의 실력에 경탄하고 자신이 맡고 있던 강좌(루카스 교수직)를 26살의 뉴턴에게 물려주었다. 그 뒤 뉴턴은 30여 년 동안 그 자리를 누렸다.

학자로 유명해진 뉴턴은 명예혁명 후 국회의원으로 선출되고, 조폐국 장관이 되기도 했다. 예순 살 때는 런던왕립협회의 회장으로 취임하여 죽을 때까지 조폐국 장관의 자리에 있으면

라이프니츠(1646~1716)

서 왕립협회의 독재자로 군림했다. 아마 뉴턴만큼 생존 중에 존경을 받은 과학자는 달리 또 없을 것이라고 말하고 있다.

기호의 고안자 라이프니츠

라이프니츠(1646~1716)는 독일 라이프치히대학의 윤리학 교수의 장남으로 태어났다. 일을 보러 파리로 여행한 26살의 라이프니츠는 여기에서 수학자 하위헌스를 알게 되어 처음으로 수학을 배웠다. 그때까지 수학에 대한 지식이라고는 전혀 없었는데도 금방 수학의 본질을 터득한 그는, 그때부터 수학 연구에 착수했다. 그리고 뉴턴과는 독립적으로 미분적분학의 구상을 얻었다. 현재 미분적분학에서 사용하고 있는 기호는 모두 그가 고안한 것이다.

30살 때 하노버 집안의 법률고문 겸 도서관장으로 취임했다. 하노버가의 왕비 소피아는 데카르트에게 교육을 받았던 엘리자베스 왕녀의 누이동생이다. 라이프니츠는 왕비 소피아에게 중용되어, 왕녀 샤롯테와 왕자 게오르그의 가정교사를 맡았다. 후에 샤롯테는 프로이센 왕 프리드리히 1세의 왕비가 되었고, 왕자 게오르그는 영국왕 조지 1세가 되었다. 이 때문에 라이프니츠는 온 유럽에 널리 얼굴이 통하게 되었다.

라이프니츠는 샤롯테의 후원에 힘입어 베를린 과학아카데미를 건설했다. 또 러시아의 피오트르 대제에게도 영향력을 발휘하여 페테르부르크에 과학아카데미를 설립했다. 그러나 그가 살아 있는 동안에는 이 아카데미들이 충분히 그 기능을 발휘하지 못했던 것 같다.

하노버가의 왕비 소피아와 프로이센의 왕비 샤롯테 등 여성 후원자가 죽은 이후, 그의 뜻대로 되는 일이 없었다. 미분적분학에 관한 뉴턴과의 분쟁 이후 영국 왕 조지 1세와도 사이가 좋지 못한 채 고독 속에서 세상을 떠났다. 그의 장례식에는 몇몇 친구가 출석했을 뿐이었다고 한다. 존경 받는 가운데 작고한 뉴턴과는 너무나 대조적이었다고 하겠다.

4. 18세기 전반의 수학자들

명예혁명 후 영국 왕위에 오른 윌리엄 3세와 그 후의 앤 여왕에게는 아이가 없었기 때문에 독일의 하노버가로부터 조지 1세를 영립했다. 왕은 영국의 국정에 어두웠을 뿐더러 주로 독일에 있었기 때문에 왕을 대신하여 국정이 내각에 위임되어 있었다. 그 때문에 내각의 권한이 강화되고 의회의 다수파에 의한 책임 내각제가 확립되었다. '국왕은 군림할 뿐 통치하지 아니한다'는 영국 의회 정치의 전통이 이 무렵에 만들어졌다.

독일에서는 프리드리히 대왕(재위 1740~1786)이 프로이센의 왕으로 즉위한 지 얼마 안 되었고, 독일 황제 칼 6세(재위 1711~1740)에게는 왕자가 없었기 때문에 딸 마리아 테레지아(재위 1740~1780)가 왕위에 올랐다. 한편 프리드리히 대왕은 실레지아를 차지하려고 오스트리아 계승전쟁을 일으켜 이것을 손에 넣었다. 그에 불만을 품은 오스트리아는 전력을 축적한 후 7년 전쟁을 일으켰으나, 결국 실레지아의 영유권은 프로이센으로 돌아갔다. 이렇게 독일에서의 프로이센의 지위가 높아지고, 프로이센은 독일 통일의 중심이 되었다.

프리드리히 대왕은 무용(武勇)에 뛰어났을 뿐만 아니라, 젊은 시절부터 문학, 예술을 즐겨 베를린 과학아카데미를 확충하고 볼테르와 수학자 모페르튀, 오일러, 람베르트, 라그랑주 등을 아카데미로 초빙했으며, 달랑베르와도 교류하고 있었다. 이 때문에 프리드리히 대왕의 정치는 계몽적 절대 왕정이라고 일컬어지기도 한다.

마리아 테레지아의 아들 요셉 2세도 계몽사상의 영향을 받아 계몽사상의 구체화를 단행했다. 그러나 전통을 무시하고 정치적 배려없이 성급한 개혁을 서둘렀기 때문에 실패하고 말았다.

피오트르 대제가 죽은 후, 얼마 동안 러시아는 국정이 문란했으나 그것을 다시 일으켜 놓은 것이 여황제 에카테리나 2세(재위 1762~1796)다. 동쪽으로는 알래스카, 지시마(千鳥)까지 점령하였고 일본에 대해서도 통상을 요구했다.

서쪽으로는 프로이센, 오스트리아와 결탁하여 세 번에 걸쳐 폴란드를 분할하여 영토를 뜯어냈다. 남쪽으로는 발칸, 크리미아 반도를 병합하여 흑해의 해상권을 확보했다. 피오트르 대제가 개설한 페테르부르크 과학아카데미를 재건하여 볼테르, 디드로와 수학자 오일러 등을 초빙했다.

영국 본국의 이익만을 우선하는 중상주의(重商主義) 정책에 반발한 식민지 아메리카는 독립전쟁을 일으켜, 마침내 승리했다. 아메리카 독립전쟁은 본국으로부터의 식민지의 독립이라고 하는 일면을 가졌으나 또 한편으로 사회 혁명의 성격을 지니고 있다.

자유, 평등, 독립을 주장하여 강력한 권력에 대항하면서 승리를 획득한 아메리카의 독립운동은 압정에 시달리고 있던 유럽인들의 용기를 북돋아 프랑스 혁명의 방아쇠가 되었다.

프랑스에서는 루이 14세의 뒤를 이은 루이 15세가 정치를 싫어하고 향락적인 놀이에만 몰두하여 기울어져 가는 왕실 재정을 더욱 궁지로 몰아넣고 있었다.

18세기 전반은 뉴턴, 라이프니츠에 의해 시작된 미분적분학이 보급, 발전한 시기다. (비밀주의자였던) 뉴턴이 있던 영국보다는 (많은 수학자들과 적극적으로 교류하고 편리한 기호법을 사용한) 라이프니츠가 있던 유럽 본토 쪽에서 미분적분학은 꽃피었다. 특히 주요한 역할을 한 것은 스위스 출신의 베르누이 일가와 오일러였다.

베르누이 일가의 활약

베르누이 일가는 본래 네덜란드 출신으로 스위스 바젤시로 이주하여, 장사로 성공을 하고 시 참사회원(參事會員)으로까지 입신한 니코라스로부터 시작한다. 그 가문 중에서 열 사람이 넘는 수학자가 배출되었다.

시조 니콜라스의 장남 야곱 베르누이(1654~1705)는 부친의 권고로 신학을 공부했으나, 양친의 반대를 무릅쓰고 수학을 공부하여 후에 바젤대학의 수학 교수가 되었다.

동생 요한 베르누이(1667~1748)도 가업을 잇게 하려던 부친의 의향에 반해 의학과 고전학을 전공하다가 후에 형 야곱의 영향을 받아 수학으로 전향했다.

야콥 베르누이
(1654~1705)

요한 베르누이
(1667~1748)

야콥과 요한 형제는 사이가 나빴다. 형의 대학 교수 자리를
시기한 요한은 형을 골탕 먹이려고 어려운 문제를 내놓았다.
형도 보복으로 어려운 문제를 내놓고, 그에 대한 동생의 해답
이 충분치 못한 것이라고 공표했다. 형제끼리의 항쟁은 한편으
로는 학계의 발전에 기여한 바가 컸지만, 두 사람은 마지막까
지 감정을 풀지 못했다. 형이 죽은 뒤에야 겨우 요한은 대망의
바젤대학 교수 자리에 앉았다.

요한의 아들 다니엘 베르누이(1700~1782)도 처음에는 의학을
지망했으나 결국은 수학을 전공하게 되었다. 25살 때 페테르부
르크 과학아카데미의 수학 교수로 초빙되어 8년 후 바젤대학으
로 돌아왔다.

아버지 요한은 질투심과 명예욕이 강했던 모양으로 형 야콥
이나 친구 로피탈에게 적의를 품고 있었을 뿐 아니라, 아들 다
니엘에게도 보통 상식으로는 생각조차 할 수 없는 행동을 취했
다. 자기가 받고 싶다고 생각한 파리 과학아카데미상을 아들

다니엘 베르누이(1700~1782) 유
체역학의 '베르누이의 정리'로 유명

오일러
(1707~1783)

다니엘이 받은 것을 시기하여 아들을 집에서 내쫓기까지 했다.
또 유체역학(流體力學)에 관한 아들의 업적을 자기 저서에다 포
함시켜 그것을 가로채려고 했다.

자녀가 많은 오일러

오일러(1707~1783)는 스위스의 바젤시에서 목사의 아들로 태
어났다. 그는 바젤대학에 들어가 신학과 수학을 배웠다. 부친은
자기 뒤를 이어 목사가 되어 주기를 바랐으나, 그를 지도하고
있던 요한 베르누이가 오일러의 재능을 인정하여 수학자가 되
라고 권했기 때문에 끝내 부친도 단념하지 않으면 안 되었다.
수학에서 두각을 나타낸 오일러는 요한의 아들 니콜라스와 다
니엘 등과 의기투합하고 있었다.

니콜라스와 다니엘 형제는 1725년에 신설된 페테르부르크
과학아카데미에 초빙되었다. 부임한 지 얼마 안 되어 니콜라스

는 페테르부르크에서 죽었다. 그 때문에 다니엘은 오일러를 페테르부르크로 불러들였다. 도착한 날 여황제 에카테리나 1세가 급서하여, 오일러가 취임해야 할 자리가 허공에 떠 버리는 불운을 겪었다. 3년 후에야 겨우 페테르부르크 과학아카데미에 취직했다. 1733년 다니엘이 스위스로 돌아가자 오일러는 26살의 젊은 나이로 그곳의 수학 교수가 되었다.

페테르부르크에 정착할 생각으로 결혼을 했는데 러시아의 정치 정세가 악화되어 외국인인 오일러에게는 몹시 살기 힘들게 되었다. 출국을 희망하고 있기는 했으나 잇따라 (13명의) 아이가 태어나 출국할 기회를 잡지 못했던 것 같다. 오일러는 무척이나 아이들을 좋아했는데, 갓난아기를 무릎 위에 앉혀 놓고 그 주위를 큰 아이들이 마구 뛰어다니는 데도 거뜬히 논문을 썼다고 한다. 오일러는 아이도 많았지만 논문의 수도 그때까지의 수학자 중에서는 제일 많았을 것이라고 한다.

페테르부르크의 17년간은 결코 행복했다고는 말할 수 없을 것 같다. 그는 고열 속에서도 연구에 몰두했기 때문에 오른쪽 눈을 실명했다.

1744년, 프리드리히 대왕은 베를린 과학아카데미로 오일러를 초빙했다. 말수가 적은 오일러에게 "왜 그렇게도 말이 없느냐?" 하고 왕비가 물었더니 "저는 입을 열면 교수형을 당하는 나라에서 왔기 때문입니다"라고 대답했다고 한다. 22년간을 베를린에서 보내면서 많은 업적을 쌓아 베를린 과학아카데미의 명성을 높였다.

1766년, 에카테리나 2세가 러시아의 여황제가 되자 오일러를 페테르부르크로 다시 불러들였다. 페테르부르크로 돌아온 그는 중병에 걸려 나머지 한쪽 눈마저 시력을 상실했다. 완전 장님이 되어서도 구술로 필기를 시켜가며 논문을 썼다.

제자와 천왕성의 궤도를 계산한 뒤, 손자들과 차를 마시면서 환담하다가 갑자기 파이프를 떨어뜨리며 "이제 나는 죽는가보다"라는 말을 남기고 영영 눈을 감았다.

2장
살롱과 계몽주의 시대

1. 아카데미와 살롱

18세기 유럽의 학문과 문화는 공적으로는 아카데미에 의해서, 사적으로는 살롱(Salon)에 의해서 지탱되고 있었다(대학은 매너리즘화하여 볼품없이 쇠퇴해 있었다). 17세기 이후 영국, 프랑스, 독일, 러시아 등 각국에는 왕립 아카데미가 개설되어, 학자들이 아카데미의 교수로 초빙되거나 회원으로 선출되었다. 또 아카데미의 기관지에 논문을 발표하거나, 아카데미에 의해 그 업적이 평가되어 상을 받기도 했다. 이 같은 일은 학자로서 매우 명예로운 일이었기 때문에 아카데미는 학문의 발전에 크게 기여했던 것이다.

이 같은 아카데미와 함께, 귀족 부인들이 주최하는 살롱도 17세기와 18세기의 학문과 문화의 발전에 큰 역할을 하고 있었다. 프랑스의 근대적 주택의 중심을 이루는 사교실을 가리켜 살롱이라고 부르는데, 이윽고 이 사교실에서 개최되는 회합 자체를 가리켜 살롱이라고 일컫게 되었다.

문인과 학자들이 모이는 문화 서클은 중세에도 있었다. 14세기에 이탈리아의 로베르트 왕의 궁정에서도 문학적인 회합이 열리고 있었으나, 여기에는 주최하는 여성이 없었기 때문에 17세기 이후 프랑스에서 유행한 살롱과는 성격을 달리한다.

프랑스의 앙리 4세가 종교 전쟁을 종결시키자 세상이 차츰 안정되어 갔다. 전쟁이 없어지고 할 일이 없게 된 귀족들은 사교생활 없이는 배겨날 수 없었다. 특히 귀부인들이 그러했다. 귀부인들에게는 내란 시대에 흐트러질 대로 흐트러진 사나이들의 거친 풍습은 용서될 수 없는 일이었다. 궁정에서 열리는 행

사에는 태도가 거친 사람이라도 지위와 감투만 있으면 출석이
허락된다. 그러나 개인 살롱일 경우는 싫어하는 사람, 취미가
야비한 사람은 기피할 수가 있다. 이렇게 하여 궁정 밖에서 귀
부인들을 중심으로 하는, 뜻이 맞는 사람들끼리만 모여드는 살
롱이 태어나게 되었다.

혁명의 온상이 된 살롱

16세기 말부터 프랑스에서 많은 살롱이 탄생했는데, 그중 유
명한 것이(1610년경부터 열렸다) 랑부이예 부인의 살롱이다. 그
녀의 살롱이 평판에 오르게 된 이유는 부인이 굉장한 재원(才
媛)이고, 뛰어난 취미의 소유자라는 점도 있지만 그 밖에 귀족
뿐 아니라 문학자들도 맞아들였고, 대화 시 우아한 말만을 쓰
도록 힘썼던 것 등을 들 수 있다.

시인들은 자기 작품을 낭송하였는데, 거기에서 얻는 평판이
그 작품의 성공 여부를 결정하게 되었다. 그 때문에 살롱에서는
사람들을 즐겁고 기쁘게 하기 위한 문학이 발달하게 되었다. 이
를테면 살롱의 단골들은 각자 중세 전설에 등장하는 기사(騎士)
들의 이름을 땄고, 옛말(古語)로 편지를 교환했다. 옛 시형(詩形)
을 부활시켜 시인들이 작품을 겨루기도 했다. 그 때문에 고전
문학은 랑부이예 부인의 살롱에서 일어났다는 말까지 있다.

이어서 토요일에 개최되는 스큐테리 양의 살롱이 평판에 올
랐다. 거기에서도 공손한 예절이 지켜지고, 짧은 시의 낭독부터
시작하여 문학론이 꽃을 피웠다. 또 '멋을 부리는' 세련된 프랑
스어를 사용하도록 유의하고 있었다. 그것이 정도가 너무 지나
쳐서 몰리에르는 『재간 있는 여자인 척(Précieuses)』, 『여학자』

등의 작품에서 이를 비꼬기까지 하고 있다. 몰리에르는 학문의 소양도 없으면서 표면상으로는 학자인 척, 재녀인 척하는 여성들을 도저히 용납할 수 없었던 것이다.

18세기가 되자, 살롱을 주최하는 여성들은 차츰 전문화되어 간다. 달랑베르의 생모로 알려진 탱상 부인은 문학을 중심으로 하는 살롱을 개최하고, 몽테스키외의 『법의 정신』을 매점한 것으로 유명하다. 데팡 부인의 살롱에는 몽테스키외, 볼테르, 튀르고 등의 계몽가들이 출석하여 문학, 정치, 경제를 토론하고 있었다. 조프랑 부인의 살롱은 디드로의 『백과전서(百科全書)』를 지원하고 있었다. 이와 같이 이들 살롱은 계몽사상의 온상으로 프랑스 혁명을 준비하고 있었던 것이다.

살롱을 주최하는 여성 중에는 자연과학에 관심을 가진 사람도 있었다. 그녀들이 자기 집에 설비를 갖추어 놓고 스스로 실험을 하는 것이 하나의 유행으로 되어 있었다. 이들 여성 가운데서는 몰리에르가 비판했던 '사이비 재녀'뿐 아니라, 참된 지성을 갖춘 여성도 나타났다. 옛날에 데카르트의 제자였던 엘리자베스는 진정한 재원이었고, 볼테르의 연인으로 알려져 있는 샤틀레 부인도 뉴턴의 『프린키피아』의 프랑스 번역을 내고, 물리학에 관한 계몽서를 쓸 만큼 과학에 통달해 있었다.

일반 시민은 카페로

상류 계급의 사람들이 살롱에 모여 환담하고 있는데 반해, 일반 시민은 카페에 모여들었다. '카페'는 본래 '커피'를 뜻하고 있었으나, 이것이 '커피를 마시게 하는 가게'를 가리키게 되었다. 아랍에는 예로부터 이런 가게가 있었던 것 같은데, 17세기 중엽에 베네치아로 전해진 뒤 온 유럽으로 급속히 보급되었다. 18세기에는 파리에 600군데, 런던에 2,000군데의 카페가 있었다고 한다.

예술가와 문인들이 카페에 모여들어 시민을 위한 살롱으로서의 구실을 했다. 카페는 예술, 사상, 문화를 낳는 터전이 되었다. 파리에 생긴 카페 '프로코프'는 문인과 배우들의 집합처가 되었고, 계몽 시대에는 볼테르, 디드로 등이 단골이 되어 여론의 형성에도 한 몫을 했다. 또 카페 '포아'는 바스티유 감옥을 습격하기 이틀 전, 변호사 드물랭이 테이블 위에 올라서서 '무기를 잡아라!'하고 연설한 곳으로서 알려져 있다.

2. 신보다 이성을 높이 친 계몽주의자들

18세기의 프랑스는 유럽 여러 나라 중에서 사회적 모순이 제일 심한 곳이었다. 따라서 이 사회적 모순을 배제해 줄 새로운 사상을 갈망하고 있었다. 자연과학이 진보한 결과, 자연은 신의 섭리에 의해서 운행되는 것이 아니라, 수학적으로 정연한 합리적 체계라고 생각하게 되었다. 이 같은 자연 인식의 확립에 촉발되어, 인간과 사회 역시 인간의 이성(理性)에 의해서 파악될 수 있는 합리적인 존재라고 생각하는 것이 계몽사상이라고 말할 수 있다.

몽테스키외(1689~1755)는 인간의 육체가 자연의 법칙에 지배되고 있을 뿐 아니라, 정신도 신의 의지와는 상관없이 '자주적으로 행동하는' 것이라고 생각했다. 이같이 신학(神學)을 배제했

몽테스키외(1689~1755)

을 뿐 아니라, 국왕의 의지와는 상관 없이, 갖가지 역사 현상이 역사적으로 필연으로 옮겨지고 있음을 제시함으로써 절대 왕정의 존재 근거를 빼앗아 갔던 것이다. 신학도 부정되고, 절대 왕정도 부정된다면 그 뒤에 남는 것은 과연 무엇일까?

　"법 일반은 지상의 모든 것을 지배하는 한에 있어서, 인간의 이성이어야 한다."

라고 말하고, 이성에 관한 사회 구조적 분석을 주장하였다. 구체적으로는 입법, 사법, 행정의 삼권(三權)을 분립시킬 것을 주장했다. 삼권 분립의 목적은 정치적 자유의 보장을 위한 것이며, 삼권 병합은 전제정치를 가져오고, 개인의 정치적 자유를 몰락시키는 것이 되기 때문이라고 말하고 있다. 이 삼권 분립의 사상은 프랑스 혁명을 추진하는 과정에서 많은 추종자를 낳았다.

　몽테스키외는 지방 귀족 출신이었으나 볼테르는 평민 출신이었다. 볼테르는 절대적인 것을 항상 부정하고 있지만은 않다. 그러나 신을 빙자한 교회의 권위에 반발하였으며 절대 왕정에 빌붙어 사는 귀족 정치를 부정하였다. 그는 영국의 정치를 존경하고 사랑하고 있었다. 인민에게 어느 정도의 자유와 권리를 용인하는 군주 정치였다면 아마도 볼테르의 마음을 만족시킬 수 있었을 것이다.

　케네의 사상은 중농주의(重農主義)라고 불리는데, '토지야말로 부(富)의 유일한 원천이며, 부를 증가시키는 것은 바로 농업이

루소(1712~1778)　　　　　디드로(1713~1784)

다'라는 주장이다. 그 때문에 케네 등은 토지의 생산력을 높이기 위해 부유한 농가나 기업가들에 의한 자본주의적인 농업 경영을 권장하고 요청했다. 케네 자신도 넓은 토지를 사들여 여기서 영국식 새 농업법을 시도하였다. 중농주의는 정치적으로는 미적지근한 것이었으나 그 경제적 자유주의적 주장은 봉건적인 특권이나 구세력과 대립되어 혁명을 불러들이는 간접적인 원인이 되었다고 말할 수 있다.

산악파의 주도 원리와 루소의 역할

루소(1712~1778)는 항상 '자연으로 돌아가라'고 부르짖었다. 본래 인간은 자유롭고 평등했을 것이다. 그런데 문명이 진보함에 따라 사유 재산이 생겼고, 거기에서부터 차별이 태어났다. 그 때문에 인간은 순수성을 잃게 되고 서로 미워하고 다투며 도덕적으로 타락해 버렸다. 그렇다면 어떻게 해야 할 것인가?

'인간이 만든 모든 것은 인간이 파괴할 수 있다.'

파괴한 뒤에는 어떻게 한다는 말인가? 파괴된 사회에는 해방된 인민이 남는다. 인민이 국가를 만들기 위한 계약(사회계약)을 서로 맺고, 인민의 사용자로서의 행정 기관을 설립하자는 것이다.

이런 루소의 사상은 로베스피에르를 중심으로 하는 산악파(山岳派 : 의석이 높은 데를 차지하고 있었기 때문에 이렇게 불렸다)의 지도 원리가 되었다. 이에 비해 자롱드(Girondins)파의 주도 원리가 된 것은 디드로를 중심으로 한 백과전서파의 사상이었다.

인간의 행복은 물질적, 정신적 욕구를 억제함으로써가 아니라, 그것들을 모두 만족시킴으로써 얻어진다고 디드로는 생각했다. 각자가 자기 욕망을 채우려고 하면 거기에는 싸움이 일어나지 않을까? 디드로는 인간에게는 사교성이라고 하는 자연적 경향이 갖추어져 있어서, 그것을 올바로 발휘한다면 자연히 조화로운 사회가 형성될 것이라고 주장하고 있다.

따라서 인류의 목표는 사회를 변혁하기보다는 인간의 기술, 능력을 향상시키고 생산력을 증강시킴으로써 인류의 욕망을 충족시키도록 하여 행복을 꾀하자는 것이 주안이 된다.

◆ 달랑베르(1717~1783)

기아로부터 출발한 인생

달랑베르(1717~1783)

11월의 찬 하늘이 내리깔린 저녁, 파리 시가를 순찰 중이던 한 경찰관이 노트르담 사원의 세례당이 있는 성 쟌 르롱 교회의 돌계단 위에서, 태어난 지 몇 시간밖에 안 되는 갓난아이가 들어 있는 나무상자를 발견했다. 입고 있는 옷으로 미루어 보아 양가 태생인 것은 확실하나 출생 신고가 없었기 때문에 파리 북쪽의 한 시골 육아원으로 보내지고, 교회의 이름을 따서 쟌 르롱이라고 이름 지었다. 이 아기가 바로 대 수학자 달랑베르다.

아기의 생모는 앞에서 말한 살롱의 주최자로 저명한 귀부인 텡상이었고, 생부는 포병 총감(砲兵總監) 데토우슈 장군이었다. 당시 장군은 독일에 나가 있어서 이 사실을 까맣게 모르고 있었다. 오랜만에 파리로 돌아와 이런 경위를 알고 놀란 장군은 사방으로 탐색하여 겨우 아기가 있는 곳을 확인했다.

생모인 텡상 부인은 자기 자식에게 전혀 애정을 느끼지 않았기 때문에 부득이 장군은 쟌을 위해 양부모를 찾아 주었다. 아기를 맡아준 사람은 가난한 유리 직공 부부였다. 장군이 보내주는 양육비 덕분에 쟌은 자기의 과거를 모르는 채, 유리 직공의 아들로 무럭무럭 자라났다.

6살 때, 초등학교의 기숙사로 들어가 초등 교육을 받았다. 아버지 데토우슈 장군은 이 학교를 자주 방문하여 천진스럽고

귀여운, 더구나 천재적인 직감을 번뜩이는 쟌의 모습을 살펴보
고는 만족해했다. 쟌이 8살 때, 장군은 싫어하는 텡상 부인을
데리고 학교로 찾아갔다. 교사의 질문에 훌륭하게 대답하는 쟌
을 보고 기분이 좋아진 장군은 부인에게 속삭였다.

"이런 훌륭한 자식을 버린 것은 유감스런 일이었다고 고백하오."

부인은 갑자기 자리를 박차고 일어나면서

"가요! 여기 있으면 기분이 나빠요."

하고 교실을 뛰쳐나왔다고 한다. 그리고 그녀는 두 번 다시 이
학교를 찾지 않았다. 그런데 쟌은 이 날의 일을 평생 잊지 않
았다고 전해지고 있다. 쟌이 9살 때 데토우슈 장군이 세상을
떠났다. 그는 죽음에 즈음하여 쟌을 위해 1,200루블의 연금을
남겨 주는 동시에, 뒷일을 친척들에게 부탁해 두었다. 쟌은 데
토우슈의 가족으로부터 달랑베르크라는 이름을 받았으나 후에
스스로 달랑베르로 고쳤다.

(후년에 달랑베르가 재능을 인정받게 되었을 때, 텡상 부인은 자
기가 생모라는 사실을 알리고 만찬에 초대했다. 달랑베르는 "당신은
나를 낳아 준 사람일 뿐, 나의 진짜 어머니는 유리 직공의 아내입
니다"라고 대답했다고 한다. 달랑베르는 양모에게 극진한 애정을 쏟
았으며, 학교가 쉬는 날은 반드시 양모에게로 달려갔다고 한다. 위
대한 수학자가 된 후 50살이 가까울 때까지도 줄곧 바람조차 잘
통하지 않는 유리 직공의 다락방에서 지냈다고 한다.)

달랑베르의 재능은 10살 때, 선생님으로부터 "이젠 네게는
아무 것도 가르칠 것이 없다"는 말을 들을 정도였다. 불과 12

살의 나이로 콜레주 드 카톨나시온에 특별 입학이 허락되었다. 이 칼리지는 얀센파의 교회가 경영하는 학교였다. 칼리지에 들어가서도 그의 성적은 발군이었다.

선생님들은 성 바울로의 『로마인들에게 보낸 편지』(로마서)에 관한 훌륭한 주석을 쓴 달랑베르를 장차 신부로 만들었으면 했다. 당시 가톨릭교회 내의 개혁파이던 얀센파와 야소파는 대립이 격화되고 있었다. 그래서 선생님들은 달랑베르에게 이전의 파스칼처럼, 숙적 야소

클레로(1713~1765)
열여섯 살 때의 논문이 『파리 과학아카데미 기요』에 실렸고, 열여덟 살에 과학 아카데미 회원이 된 조숙한 천재 수학자

파에 일격을 가해 주기를 기대하고 있었다. 선생님들의 기대에 반해 그의 마음속에는 종교적인 파쟁에 대한 혐오감이 거세어지고 있었다.

스무 살 때 수학의 길로

달랑베르는 법률을 공부하여 변호사 자격을 땄다. 그는 그 무렵부터 수학에 흥미를 갖고, 독학으로 수학 공부를 시작했다. 변호사 자격을 따기는 했으나 변호사가 될 생각은 없었으며 생활을 위해서는 의사가 되는 것이 제일이라고 생각하여 의학 공부에 전념하기 위해 가졌던 책을 모조리 친구 디드로의 집에 맡겼다. 그러나 수학 없이는 단 하루도 지낼 수가 없다는 것을 깨달은 그는, 끝내 의학을 단념하고 수학자로서 살아갈 결심을

하게 되었다. 이때 그의 나이는 20살이었다.

1737년 이후 파리 과학아카데미에 수많은 논문을 제출했는데, 이 논문들은 수학자 클레로(1713~1765, 조숙한 천재 수학자로 열여덟 살에 파리 과학아카데미의 회원이 되었다) 등의 칭찬을 받았다. 1741년부터 몇 번이나 파리 과학아카데미 회원으로 입후보하였는데, 이듬해에 보조회원으로 선출되고 이후 준회원, 정회원으로 차례로 승진했다. 1743년에 발표한 『동력학론(動力學論)』에는 '달랑베르의 원리'가 설명되어 있다.

1746년에는 『바람의 원인에 관한 고찰』로 베를린 과학아카데미상을 받고 이 아카데미의 회원으로 선출되었다. 달랑베르는 이 책을 프리드리히 대왕에게 바쳤고, 그 이후 대왕과 친교를 맺게 되었다.

살롱 시대―『백과전서』에 집필

1746년 무렵부터 달랑베르는 사교계에 드나들게 되었다. 당시는 조프랑 부인의 살롱과 데팡 부인의 살롱이 유명했다. 조프랑 부인의 살롱은 생모 텡상이 주최하던 살롱을 인수한 것이기 때문에 달랑베르가 초청되었던 것으로 생각된다. 달랑베르는 이들 살롱에서 크게 환영을 받았던 것 같다. 그는 학문 일변도의 진솔한 일면 외에도, 남의 흉내를 잘 내는 특기가 있어 저명한 배우나 살롱의 단골 명사들의 버릇을 흉내 내어 주위 사람들을 즐겁게 했다고 한다.

살롱에 출석하던 무렵부터 젊은 시절의 친구 디드로가 기획한 『백과전서』의 편집을 거들게 되었다. 달랑베르는 수학 부분의 항목을 집필했을 뿐 아니라, 각 방면의 과학자에게 기고를 부탁하고 살롱의 지기를 통해 상층 계급의 사람들 사이에서 『백과전서』에 대한 호의적인 분위기를 조성하는 데 힘썼다.

1751년에 출판된 『백과전서』 제1권의 권두에는 달랑베르의 「서론」이 포함되어 있다. 이 「서론」은 볼테르가 데카르트의 『방법서설(方法序說)』보다 뛰어나다고 평을 하듯 크게 평가받았다.

반면, 『백과전서』의 근본 방침이 권위를 절대시 하지 않고, 신앙보다는 인간의 이성을 존중하는 입장에 섰기 때문에 권력자와 교회 등으로부터 맹렬한 공격을 받았다. 이미 발간된 책들이 발행 금지 처분을 받았고, 집필자가 국외로 추방되는 등 반동 진영으로부터의 공격이 강화되어, 마침내 달랑베르 자신도 이탈하게 되고, 마지막에는 디드로 혼자의 힘으로 전 17권을 완성시켜야 했다.

프랑스에 대한 고집

데팡 부인은 달랑베르가 아카데미 프랑세즈의 회원으로 선출되도록 맹렬한 선거전을 지휘했다. 그러나 달랑베르는 백과전서파의 일원인데다 무신론자로 보였기 때문에 아카데미 내의 성직자 회원들의 찬성표를 기대할 수 없는 상태였다. 데팡 본인은 달랑베르에게 아카데미 회원의 저작을 『백과전서』 속에서 칭찬해 주라고 권고했으나 그는 이것을 거절했다. 그 때문이었는지 세 번이나 낙선한 끝에, 1754년 네 번째의 선거에서 간신히 회원으로 선출되었다.

프로이센의 프리드리히 대왕이 달랑베르를 베를린 과학아카데미로 초청하고 싶다고 여러 번에 걸쳐 요청했으나, 그때마다 그는 정중히 사절하였다. 또 러시아의 여황제 에카테리나 2세도 황태자의 스승으로 초빙하고 싶다고 요청했으나 이것도 거절했다. 이렇게 달랑베르는 프랑스에서는 좋은 자리를 차지하지 못하면서도 다른 나라로부터의 초청을 거절하고 일생 동안 프랑스를 떠나지 않았다.

그는 데팡 부인의 살롱에서 레스피나스 양을 알게 되었다. 그녀는 달랑베르보다 15살이나 젊고 다감한 여인이었다. 달랑베르처럼 그녀도 역시 사생아로 태어난 불행한 운명을 걸머지고 있었다. 1754년 레스피나스 양이 22살 때, 그녀는 그 무렵 실명 상태에 있던 데팡 부인에게 와 있었다. 달랑베르와 레스피나스 양은 같은 환경에 공감했고 당연히 두 사람의 관계가 친밀해졌다. 그녀가 데팡 부인 몰래 살롱을 개최하고 있던 것이 발각되어 데팡 부인에게 쫓겨났다.

달랑베르는 자살까지 기도한 그녀를 격려하여 독립 살롱을 가질 수 있게 도와주었다. 반대로 달랑베르가 열병에 걸렸을 때는 양모의 집으로부터 레스피나스 양이 있는 집으로 옮겨져 그녀의 두터운 간호를 받았다. 본래 레스피나스 양은 달랑베르에 대해 오빠같은 감정밖에 갖고 있지 않았던 때문인지 다른 사람을 흠모하고 있었다. 결국 달랑베르는 짝사랑의 실연을 당했던 것이다. 그런데도 그는 레스피나스 양의 사랑이 결실을 보지 못하고, 실연으로 우울하게 있는 것을 위로하는 피에로 노릇을 하였다. 1776년 실연의 오뇌와 달랑베르의 성의에 응하지 못했던 자신을 후회하면서 그녀는 달랑베르의 팔에 안겨 43살의 생애를 마쳤다. 달랑베르는 거처를 루브르로 옮기고 깊은 고독과 무기력에 사로잡혀 있었지만, 그래도 프랑스뿐 아니라 전 유럽에서 높아져 가는 명성에 감싸여 방광결석으로 65살

〈달랑베르의 원리〉

　물체에 가속도를 부여하는 힘에 대하여, 그것과 반대 방향의 같은 크기의 힘을 '관성력(慣性力)'이라고 부른다. '달랑베르의 원리'는 '물체에 작용하는 힘 외에 관성력을 첨가하여 생각하면, 물체는 평형 상태가 된다'고 말하고 있다.

〈대수학의 기본 정리〉

　복소계수(複素係數)의 n차방정식 f(x)=0은 반드시 n개의 복소수해(複素數解)를 갖는다[달랑베르는 불완전하게나마 가우스보다 앞서 대수학의 기본 정리(定理)를 증명했다].

에 세상을 떠났다. 양모와 콩도르세, 그 밖에 하인과 가난한 사람들에게 그의 유산을 남겨 주는 유서를 쓰고 신부의 기도를 거부한 채 불신자로서 자신의 생애를 마쳤다.

'전진, 전진! 진리는 이윽고 찾아온다'

　달랑베르의 시대는 미분적분학의 기초가 매우 불안정하여 갖가지 비판이 있었다. 그러나 달랑베르는

　"전진, 전진! 진리는 그러는 동안에 찾아올 것이다."

라고 말하고 있다. 이것은 정말로 계몽가 달랑베르 다운 태도라 하겠다.

　수학 이론을 전개할 때는 '전진, 전진!'이라고 외쳐댈 만큼 대담성이 있었던 반면, 다른 한편으로는 무척 조심스러운 일면도 있었다. 이를테면 극한(極限)을 다음과 같이 정의하고 있다.

'하나의 양이 있을 때, 제2의 양이 아무리 작은 양을 부여하더라도, 그보다 더 제1의 양에 가까이 다가설 수 있을 때, 제1의 양을 제2의 양의 극한이라고 한다'

이것은 코시에 의한 엄밀한 극한 정의의 선구를 이루는 것이라고 할 수 있다. 또 무한급수의 수렴과 발산(發散)에 관한 '달랑베르의 수렴 판정 조건'은 현재 미적분 교과서 가운데에서도 발견할 수 있다.

〈극한의 정의〉(코시)

'아무리(작은) 플러스의 실수 ε이 주어졌다고 하더라도 그것에 대응하여 (ε의 함수로서) 플러스의 실수 δ를 발견할 수 있으며, $f(x)$의 정의영역 내의 각 x에 대하여,

$$0 < |x-a| < \delta 이면 |f(x)-b| < \varepsilon$$

로 할 수 있다.'
이때 'x를 a에 접근시켰을 때 $f(x)$의 극한값은 b이다'라고 하고,

$$\lim_{x \to a} f(x) = b$$

로 쓴다.

〈달랑베르의 수렴 판정 조건〉

정항급수(正項級數) $\sum a_n (a_n \geq 0)$에 대하여

$$\frac{a_{n+1}}{a_n} \leq r(0<r<1)인 r이 존재하면 수렴한다.$$

$$\frac{a_{n+1}}{a_n} \geq n(1<r)인 r이 존재하면 발산한다.$$

3장
프랑스 혁명의 전개

48

자연은 신의 섭리에 의해 존재한다는 종전의 생각을 타파한
계몽사상은 인간과 인간 사회 또한 이성에 의해서 파악되는 합
리적인 존재라는 점을 제시했다.

그리고 이런 사고방식은 민중까지(물론 수학자들도) 포함시키게
된 프랑스 혁명의 전개를 준비하고 있었다. 3장에서는 당시의
사회 상황을 캐보기 위해 역사의 흐름을 쫓아가 보기로 한다.

1. 입헌의회의 성립과 혁명의 발단

당시의 세 가지 신분 제도

프랑스 혁명이 일어나기 전의 프랑스 사회는 구제도(舊制度 :
Ancien Régime)라 불리는데, 절대 왕정 말기의 온갖 모순이 나
타나고 있었다. 프랑스 국민은 신분적으로 성직자들로 이루어
지는 제1신분, 귀족들로 이루어진 제2신분에 속하는 특권 계
급, 나머지 압도적 다수로 이루어지는 제3신분으로 구성되어
있었다.

제1신분인 성직자만 하더라도, 사제 등 고급 성직자에 비해
수도 중인 성직자나 재야 성직자 등 하급 성직자들의 생활은
비참하여, 그들은 고급 성직자에 대해 반감을 가졌고, 제3신분
의 사람들과 이해(利害)를 같이하고 있었다.

제2신분인 귀족 사이에도 여러 가지 모순이 포함되어 있었
다. 부유한 시민이 귀족의 땅이나 각종 권리를 매수하여 졸지
에 새 귀족[수작귀족(授爵貴族) 또는 법복귀족(法服貴族)]이 되었고,
예로부터의 봉건 귀족과 대립해 있었다. 많은 특권을 누리는

궁정 귀족에 비해 지방 귀족들은
농민들처럼 비참한 생활을 하고 있
었다. 지방 귀족의 대부분은 황폐한
저택에 살면서 간신히 생활을 꾸려
가고 있었다. 봉건적인 땅값의 징수
를 엄격히 집행하면 할수록 농민들
의 반발을 사고 있었다.

루이 16세(재위 1774~1792)
1793년 1월 단두대에서 처형되다

인구의 90%를 차지하는 제3신분
은 부유한 부르주아와 일반 시민들
과 농민으로 이루어져 있었다. 제3
신분의 사람들은 노동을 하고, 생산을 하고 있는데도 불구하고,
특권 계급을 부양하기 위한 무거운 세금에 짓눌려 있었다. 부
유한 부르주아만 하더라도 정치적인 권력은 아무 것도 없었다.
이 부르주아 사회의 모순에 불만을 품었고, 계몽사상의 영향을
받아 현상 타파의 기개에 넘쳐 있었다.

미국 독립전쟁의 참가와 궁정과 귀족의 낭비 때문에 프랑스
의 국가 재정은 위기에 처해 있었다. 루이 16세(1754~1793)는
특권 신분에 대해서도 세금을 부과하기 위해 성직자와 귀족 대
표로 구성되는 명사회(名士會)를 소집했다. 명사회는 당연히 과
세에 반대했기 때문에 1614년 이후 열린 적이 없었던 삼부회
(三部會)가 열리게 되었다.

1789년 5월 5일, 삼부회가 베르사유 궁전에서 소집되었는데
종전과 같이 신분별로 의결할 것을 주장한 제1신분, 제2신분과
전원이 합동하여 개인별로 표결할 것을 주장한 제3신분이 대립
하여 의사 진행이 되지 않았다. 이때 국왕이 제3신분을 압박했

바스티유 감옥을 공격하는 민중

기 때문에 제3신분의 의원들은 자기들의 모임을 '국민의회'라고 부르고 삼부회라는 이름을 버렸다. 하급 성직자와 일부 귀족도 이에 합류했기 때문에 왕은 하는 수 없이 국민의회를 인정하고, 의회는 '입헌국민회의(입헌의회)'라고 이름하고 헌법의 제정에 착수했다.

바스티유의 공격과 인권 선언

그동안에 루이 16세는 재무 총감 네케르를 파면하는 동시에 군대를 집합시켜 의회를 위협하려 했기 때문에 파리 시민이 크게 분노하였다. 7월 14일 봉기한 민중들이 바스티유 감옥(정치범을 수용한 곳으로, 절대 왕정의 상징으로 보고 있었다)을 습격했다. 이것은 혁명의 발단이 되었다. 파리 시민은 의회의 승인 하에 자치제를 실시하고 국민군을 조직했다. 이 영향은 지방 도시로 파급되어 각 도시는 모두 자치제를 실시했으며 또 농촌에서도 농민은 영주의 저택으로 쳐들어가서 봉건적 제권리가 기록되어 있는 증서와 기록을 불사르는 등 '대공포'가 일어났다.

전국에 확산된 불안과 동요를 진정시키기 위해 8월 4일, 의회는 봉건적 특권의 포기를 결의했다. 이것으로 모든 조세(租稅)상의 특권과 영주의 재판권 등이 폐지되고, 농노(農奴)와 그 밖의 봉건적 예속 관계도 금지되었다. 이어서 8월 26일에는 인권 선언(人權宣言)이 선포되었다. 이 선언은 17개조로 이루어졌는데 인간의 자유, 평등과 인민 주권, 삼권 분립, 사유 재산의 불가침 등을 밝힌 것이다.

그런데도 국왕은 의회가 결의한 봉건적 특권의 폐지에 관한 법령도, 인권 선언도 재가하려 하지 않았다. 파리에서는 시민의 분노가 높아가고 있었다. 10월 초, 식량난을 계기로 부인들을 중심으로 많은 시민이 베르사유를 향해 행진을 하고 왕에게 빵을 요구하는 동시에 그가 파리로 돌아오기를 요청했다. 부인들은 왕의 일가를 파리의 튈르리 궁전으로 데려오는 데에 성공했고 의회 역시 파리로 옮겨왔기 때문에 왕과 의회는 파리 시민의 감시 하에 놓여졌다.

혁명 발발 이후 애국자들은 정치 문제를 토의하기 위해 모이고 있었다. 혁명 추진파 사람들은 파리의 자코뱅 수도원의 방을 빌어서 '헌법동우회'를 조직했다. 처음에는 의원들만의 집합이었으나 나중에는 일반 시민에게도 문호를 개방했다. 이것을 자코뱅 클럽이라고 한다. 파리뿐 아니라 지방 도시와 농촌에도 자코뱅 클럽이 결성되어, 부단한 여락을 취하면서 출판물이 전해지고, 지령이 전달되었다. 이것은 혁명적 부르주아 결집 점이자 의회 활동의 거점이 되었다.

프랑스 동북부의 지도

   그때까지만 해도 국왕에 대한 인민의 감정은 그리 나쁘지 않았다. 부인들에 의한 베르사유 행진 때만 해도, 왕을 '선량한 아버지'라고 부르며, 왕을 신뢰하고 왕에게 기대를 걸고 있었기 때문에 행진을 했던 것이다. 왕의 일가가 발코니에 나타났을 때도 부인들은 '국왕 만세!'를 외쳤다. 혁명도 군주제의 기초 위에서 개혁을 바라고 있었다. 그러던 것이 1791년 6월 20일, 국왕 일가가 국외로 도망을 기도했다가 이튿날 바렌느에서 체포되어 파리로 연행됨으로써, 국왕이 외국과 내통하여 국민을 배반한 행위라고 간주되어 왕에 대한 국민의 신뢰를 완전히 잃고 말았다.

2. 입헌의회와 왕정의 폐지

　1791년 9월 3일, 입헌 군주제에 의한 새 헌법이 제정되고, 그 헌법에 의한 일원제 입법의회가 10월 1일에 성립되었다. 입법의회에서는 입헌 군주제를 주장하는 페이양파가 우세했으나 차츰 온건한 공화주의를 주장하는 지롱드파가 대두하게 되었다. 페이양파도 지롱드파도 모두 자코뱅 클럽의 같은 멤버였다. 페이양파는 1791년 7월 페이양 수도원에다 새로운 클럽을 형성했다. 페이양파는 전에 총감으로 있었던 네케르의 딸 스탈 부인의 살롱에 모였고, 지롱드파는 롤랑 부인의 살롱에 모이고 있었다.

　특히 롤랑 부인은 지롱드당의 배후로서 정계에 은연한 세력을 지니고 있었으며, 부인의 살롱은 지롱드당의 본부라고까지 일컬어지고 있었다. 그 밖의 자코뱅파 회원들의 대부분은 카페 '포아'에 모여서 단합하고 있었다. 각 파는 회합 장소로서의 클럽을 가졌으며 단합 장소로 살롱이나 카페에 모이는 한편, 자기들의 주장을 공표하는 무기로 신문 등의 기관지를 발행하고 있었다.

외국의 간섭과 제2차 혁명의 성공

　혁명 당초 여러 외국은 프랑스 혁명에 대해 중립적 입장을 취하고 있었으나 반왕 감정이 거세어짐에 따라 망명 귀족들의 책략도 있고 하여 오스트리아와 프로이센은 '피르니츠 선언'을 발표하여 간섭 전쟁도 있을 수 있다는 것을 시사했다. 국왕과 궁정측도 은근히 외국의 간섭에 의해 혁명 운동이 억압되기를

54

로베스피에르(1758~1794)

바라고 있었다. 지롱드파는 혁명에 대한 왕의 태도를 분명히 하게하고 망명 귀족들의 책모를 격파하기 위해 전쟁을 주장하고 있었다. 이에 대해 페이양파와 로베스피에르 등은 반전론을 주장하고 있었는데, 1792년 4월 20일 지롱드 내각은 오스트리아와 프로이센에 대해 선전 포고를 했다.

준비가 채 안되어 있었기 때문에 지롱드파의 기대에 반해 전쟁은 프랑스에 유리하게 전개되지 못하고, 외국군이 국경을 넘어 침입해 왔다. 7월 11일 입법의회는 '조국은 위기에 처했다'고 선언하고, 각지로부터 의용군을 모집하여 국토 방위에 힘썼다. 마르세유로부터의 의용병들은 후에 국가가 된 자신들의 노래 '라 마르세예즈'를 부르면서 행진해 왔다. 전쟁을 부추겨 놓고서는 아무 대책도 없이 팔짱만 끼고 있던 지롱드파의 인기가 떨어지면서 로베스피에르를 중심으로 하는 산악파가 대두했다. 로베스피에르는 지방으로부터 모여드는 의용병을 향해서

"시민 제군! 제군들은 다시 돌아올 7월 14일의 연맹 축제를 헛된 축제로 만들기 위해 왔는가?"

하고 부르짖고, 국왕의 폐위를 요구했다. 8월 1일에는 서독의 코블렌츠에서 기초된 공갈적인 '브라운슈바이크 선언'(파리를 파괴하겠다는 취지의 선언)이 전해져 애국적 인민을 격앙하게 만들었다. 민중은 독자적인 자치 조직(봉기하는 커뮤니티)을 결성하여 튈르리 궁전을 향해서 진군했다. 봉기군이 승리를 거두자 의회

의회의 동향

1787년 2월 22일		명사회 개최
1789년 5월 5일		삼부회 소집
	7월 9일	입헌 국민의회(~1791. 9. 30)
	7월 14일	바스티유 감옥 공격
	8월 4일	봉건적 특권 폐지 결의
	8월 26일	인권 선언 채택
	11월	자코뱅 클럽의 성립
1791년 6월		바렌느 사건
	7월	자코뱅 클럽으로부터 페이양파 분열
	9월 3일	1791년 헌법 제정
	10월 1일	입법의회(~1792)
1792년 3월		지롱드 내각 성립
	4월 20일	오스트리아에 선전 포고
	7월 11일	비상사태 선언
	8월 10일	왕권의 정지
	9월 20일	바르미의 승리
	9월 21일	국민공회 발족(~1795)
	9월 22일	공화제 선언
1793년 1월 21일		루이 16세 처형
	2월 1일	영국에 선전 포고
	6월 2일	지롱드파 의원의 추방과 산악파의 지배
	7월 13일	마라 암살
	8월 10일	1793년 헌법 선언
	10월 10일	혁명 정부 선언
	10월 16일	마리 앙투아네트 처형
1794년 3~4월		에베르, 당통 처형
	7월 27일	테르미도르 반동

브라운슈바이크 공(1735~1806)

괴테(1749~1832)

는 왕권의 정지를 결의하였고, 코뮌은 왕과 그 가족을 탕플 탑 안에 유폐했다. 이것으로 제2차 혁명이 성공했다.

'세계사의 새로운 시대가 시작 된다'(괴테)

외적이 독일 국경에 가까운 롱위를 함락시키고, 파리와 국경 사이의 마지막 요새인 베르됭도 포위되었다는 보고가 날아들었다. 한편 서부 지방에서는 방데와 그 밖의 지구에서 왕당파(상류 부르주아 계급이 주체)에 의한 반혁명 봉기가 시작되었다. 바로 내우외환(內憂外患)이란 이를 두고 하는 말이었다.

"시민들이여 무기를 잡아라! 적은 문 앞에 다가왔다. 즉시 제군들 의 깃발을 치켜들고 행진하라! 샹 드 마르스로 집합하자!"

하고 커뮤니티는 격문을 띄웠다. 의용병들은 진격에 즈음하여 반 혁명파들이 책동할 위험성을 통감하고 있었다. 파리 서쪽에 있는 연병장 샹 드 마르스에 모여든 의용병들은, '감옥으로 가서 인민의 적들을 응징하지 않고서는 출발할 수 없다'고 하는 산악파의 수령 마라의 격문을 보고 감옥으로 쳐들어가서, 투옥되어 있던 선거를 기피한 성직자와 왕당파 사람들을 잇달아 학살했다.

9월 20일, 혁명적 정신에 앙양된 프랑스 혁명군은 바르미 언덕에 포진하고 있었다. 프랑스군의 병사들은 의용병들로 아마추어들의 군대다. 이에 대해 브라운슈바이크 공이 거느린 프로이센군은 프리드리히 대왕 이래의 백전노장의 군대다. 대포 소리만 들어도 프랑스군이 혼비백산하여 패주할 것이라고 프로이센의 지휘관들은 혁명군을 깔보고 있었다. 그런데 패주하기는 커녕 도리어 투지를 불태우며 덤벼들었다. 켈러만 장군이 칼끝에 모자를 꽂아 휘두르며 '국민 만세!'라고 외쳤다. 이 외침은 순식간에 대대에서 대대로 메아리치며 병사들은 '라 마르세예즈'를 합창했다. 프로이센군의 전진이 멎고, 때마침 비가 내리는 속에 브라운슈바이크 공은 병사들을 퇴각시켰다.

이 바르미의 전투는 전술상의 승리라기보다는 정신의 승리였다. 이 전투를 프로이센군의 야영지에서 관전하고 있던 괴테(1749~1831)는

"여기에서부터, 그리고 이날부터 세계사의 새로운 시대가 시작 된다."

라고 기록하고 있다.

3. 국민공회—격동의 내분 시기

1792년 9월 21일, 새로이 개최된 의회, 즉 국민공회에서 왕정이 폐지되고 공화국이 탄생했다. 이것은 커다란 혁명이다. 지금까지 성직자와 귀족 등의 특권 계급에 반발은 하고 있었어도 왕권 자체는 인정해 왔기 때문이다. 이것이야말로 절대 왕정에 대한 진짜 혁명이었다고 할 것이다.

지롱드파와 산악파의 항쟁

그러나 공화국 탄생과 동시에, 의회에서 치열한 지도자 간의 대립이 표면화되었다. 국민공회의 의원 분포는 브릿소를 중심으로 하는 지롱드파가 160명 정도의 의원을 포섭하고 있었고, 로베스피에르를 중심으로 하는 산악파가 200명의 의원을 거느리고 있었다. 나머지 400명은 양쪽 파에 대해 일정한 거리를 두는 사람들로 중간파를 구성하였는데 주로 낮은 좌석에 앉아 있었기 때문에 평원파(平原派)라고 불렸다.

지롱드파는 산악파의 세 지도자 마라, 당통, 로베스피에르에 대해 공격을 개시했다. 마라에 대해서는 9월의 학살 사건의 책임과 그의 독재 사상이 공격 재료가 되었다. 그러나 마라는 자기가 독재 사상의 소유자라는 점을 인정하고, 이 비판을 역으로 이용하여 "내가 제안하는 방법이 조국을 구하는 유일한 방법이라는 것을 인민이 감지했고, 스스로 독재자가 됨으로써 배반자를 축출할 수 있었다"고 주장했다. 이 때문에 지롱드파의 고발은 불발로 끝났다.

당통에 대한 지롱드파의 공격은 보다 음흉했다. 지롱드파는 당통을 사법 장관의 자리에서 해임하고, 그가 취임 중일 때의 결산 보고를 요구했다. 당통은 20만 루블에 달하는 기밀비의 용도를 밝히지 못했고, 기회가 있을 때마다 이에 대한 공격을 받으면서 영향력이 떨어졌다. 그러나 너무도 집요한 지롱드파의 당통 공격은 끝내 중간층인 평원파로부터도 미움을 사게 되어 이것도 허탕으로 끝났다.

당통(1759~1794)

제일 실력자인 로베스피에르는 청렴한 인사로 알려져 있었고, 마라나 당통처럼 비난을 받을 만한 일이 없었다. 그래서 지롱드파는 다음과 같이 주장했다.

"로베스피에르여, 나는 그대가 끊임없이 우상 숭배의 대상으로서 세상에 얼굴을 드러낸 것을 탄핵한다. 나는 그대가 음모와 공포의 모든 수단을 써서 파리 현(縣)의 선거 집회를 제압한 일을 탄핵한다. 마지막으로 나는 그대가 분명히 최고 권력을 겨냥하여 나아간 것을 탄핵한다."

이것은 로베스피에르의 위대한 업적에 대한 탄핵이며, 제일 인기 있는 일에 대한 비난에 불과하다. 로베스피에르는 8월 10일의 혁명적 행동을 변호하며 다음과 같이 말했다고 한다.

"그 모든 일은 혁명이 비합법이고, 왕위와 바스티유 전복이 비합법이며, 자유 그 자체가 비합법인 것과 마찬가지로 비합법이었다. 혁명 없이 혁명을 바랄 수는 없다."

결국 마라, 당통, 로베스피에르에 대한 공격은 지롱드파의 패배로 끝났다.

혁명에 대한 개개인의 입장을 밝혀내기 위해 산악파는 국왕의 재판을 들고 나왔다. 국왕을 재판하는 데 대해, 지롱드파 내의 의원들은 통일된 견해는 없었으나 주로 국왕의 재판을 논의하는 일 자체를 기피하면서 이 문제를 연기시키려고 했다. 그러나 프랑스의 국가 자체를 외국에 팔아넘기려고 한다는 증거가 궁정 내에서 발견됨에 따라 차츰 지롱드파의 입장은 약화되어 갔다. 산악파는

"국왕의 불가침성은 1791년의 헌법으로 이미 존재하지 않으며, 더구나 그 헌법은 왕 자신에 의해서 이미 파기되었으므로 국왕의 재판은 합법적이다."

라고 주장했다. 이제 이 명쾌한 이론은 깨뜨릴 수 없어 국왕은 재판에 회부되어 유죄가 확정되고 사형에 처해졌다.

테르미도르의 반동과 나폴레옹 등장

국왕이 단두대에 서게 되자 다시 외국으로부터의 간섭이 거세어지고 영국, 네덜란드와 이어서 스페인과의 전쟁에 돌입했다. 여태까지 우세했던 혁명군도 다시 불리해지는 동시에 최고 사령관인 뒤무리에가 배반하여 오스트리아로 도망쳤다. 이 때문에 프랑스군은 궤멸 상태에 빠졌다. 그래서 공안위원회가 설치되고 그 위원회에 강력한 권한이 주어졌다.

이런 상태에서 1793년 6월 2일, 지롱드파 위원 29명이 체포 되었다. 그리고 한 달 후에는 마라가 암살되었고, 10월 15일에는 왕비 마리 앙투아네트(1755~1793), 그 반 달 후에는 지

롱드파의 의원들이 단두대의 이슬로 사라졌다. 이 무렵은 피비린내 나는 공포 정치 시대였다. 이듬해 3월부터 4월에 걸쳐서 산악파와 가까운 당통과 에베르가 처형당했다는 사실이 다음번 차례는 자기가 아닐까 하는 불안을 품게 한 결과, 음모가 바라스(나폴레옹을 등용한 장본인이면서도 나폴레옹으로부터 책모가라고 미움을 받아 물러난다)와 푸시에(본래는 수학과 물리학의 교사로 혁명 시대를 용케 연명해 나갔다) 등에 의한 계략으로 로베스피에르가 도리어 체포를 당했다(1794년 7월 27일의 일로, 이것을 '테르미도르의 반동'이라고 부른다). 이튿날 로베스피에르도 단두대의 이슬로 사라졌다.

국민공회에서는 다시 온건 공화파인 지롱드파가 부활하여 혁명은 차츰 반동화되었다. 1795년 8월 22일 국민공회는 다섯 사람의 총재(總裁)에 의한 총재 정부와 원로 회의(상원)와 500인 회의(하원)라는 이원제(二院制)를 채택한 헌법(공화국 제3년 헌법)을 가결했다.

국민공회가 해산하기 직전인 10월 5일, 왕당파는 국민공회에 무력 공격을 가했다. 파리의 48개 구 중 30개 구가 참가하여 25,000명의 병력을 몰고 왔던 것이다. 국민공회는 내외의 전투에 병력을 차출하고 있었기 때문에, 당장 사용할 수 있는 병력이라고는 고작 6천 남짓뿐이었다. 국민공회는 폭도에 동정하고 있던 장군을 파면하고 테르미도르 반동의 주역인 바라스를 사령관으로 임명했다. 바라스는 툴롱 공략에서 비범한 재능을 발휘한 나폴레옹 보나파르트를 기억해 내고 그를 발탁했다. 그런데 스물여섯 살의 이 청년은 이 발탁에 감격하기는커녕 "국민이 같은 국민에게 포화를 퍼부어도 좋다는 허가를 해 주시겠습니까?" 하고 조건을 붙였다. 나폴레옹은 대포 40문을 모아 하룻밤 사이에 국민공회를 요새화했다. 저녁에는 실제로 대포를 발포하여 폭도 진압에 성공했다(이것을 '방테미에르의 반란'이라고 한다).

10월 26일, 국민공회는 해산되었다.

4. 총재 정부로부터 나폴레옹의 통령 정부로

1795년 10월 27일, 총재 정부가 성립되었다. 다섯 사람의 총재 중 실력자는 바라스와 카르노였다. 바라스는 교활하고 탐욕스러운 데다가 향락적인 인물로 알려져 있었으나 테르미도르의 반동으로 로베스피에르 일파를 추방한 수완은 두려움을 사고 있었다. 그에 반해 카르노는 부정을 싫어하고 자신에 대해서도 엄격하였고, 정력적인 활동은 다른 총재들을 압도하고 있었다.

총재 정부의 과제는 외적과 다시 대두하기 시작한 왕당파와 첨예화한 좌익 사이에서 어떻게 중간노선을 걸어가느냐 하는 것이었다.

총재 정부는 오스트리아와 동맹 관계에 있는 이탈리아를 공격하여 배후로부터 오스트리아를 위협하는 작전을 수립했다. 1796년 3월 5일, 총재 카르노는 나폴레옹을 이탈리아군 총사령관으로 임명했다. 나폴레옹이 카르노에게 제출한 작전 계획은 속전속결로, 공격 지점에다 압도적인 병력을 집중시키는 것이었는데 이것은 일찍이 카르노가 취했던 작전을 계승한 것이었다. 나폴레옹은 이탈리아 북부를 점령하고 오스트리아와 휴전 협정을 체결했다.

국내의 왕당파와 동향은 방데미에르의 반란 이후 얼마 동안 잠잠했다. 그 대신 첨예적 공산주의자인 바뵈프(1760~1797)의 활약이 눈길을 끌게 되었다. 바뵈프는 재산의 평등에서부터 더 나아가 사유 재산의 폐지를 주장하고 공산주의 사회를 구상하고 있었다. 바뵈프는 이 계획을 실현하기 위한 음모 조직을 결성하고 봉기에 의해 단숨에 사태를 결정지으려 했다. 그러나 그의 음모를 총재 정부가 탐지하게 되어 1796년 5월 10일 바뵈프 일당은 체포되어 처형되었다.

1797년 3월의 선거에서는 극좌 세력을 배제한 영향도 있고 하여, 우익인 왕당파의 승리로 끝났다. 바라스는 왕당파의 배제를 노려 나폴레옹 등 군인들과도 연락을 취한 후에 쿠데타를 계획했다. 처음에는 카르노에게도 제의했으나 거절당했기 때문에 카르노까지도 왕당파에 포함시켜 체포령을 내렸다(이것을 '프뤽티도르의 쿠데타'라고 한다). 그러나 카르노는 위험을 알아채고 망명했다.

정부가 프뤽티도르의 쿠데타로 왕당파를 탄압한 이후 '신 자코뱅파'라고 일컫는 좌익의 움직임이 활발해졌다. 1798년 4월의 선거에서 정부는 중도주의 정책을 선전했으나 결과는 신 자코뱅파의 승리로 돌아갔다. 5월 11일 총재 정부는 양원에 압력을 넣어 선거 운동 심사위원회를 만들게 하여 약 100명 정도의 당선을 무효화시켰다(이것을 '프레리알의 쿠데타'라고 한다).

이 쿠데타가 있은 직후인 5월 16일, 파리에 있던 나폴레옹은 이집트 원정을 출발한다. 나폴레옹이 알렉산드리아를 점령한 8

월 1일, 프랑스 함대는 영국의 넬슨 제독이 거느리는 영국 함대에 전멸된다. 이후 나폴레옹에게는 프랑스 본토의 정보가 충분히 들어오지 않게 된다.

프랑스 함대의 패배는 나폴리를 반불 전쟁에 나서게 했고, 프랑스의 이집트 원정은 터키마저도 프랑스로부터 이탈하게 만들었다. 휴전 협정을 맺고 있던 오스트리아도 다시 프랑스에 대해 선전했다. 이 같은 정세 악화에 따라 프랑스 국내 정국이 불안해졌다. 1799년 봄 선거에서 다시 신 자코뱅파가 당선하여 의회는 반정부적이 되었다. 의회는 프랑스 혁명 발발 당시의 주역이었던 세스를 총재로 지명했다.

신 자코뱅파가 좌우하던 의회는 세 가지 정책을 결정했다. 그 첫째는 전면적인 징병 제도의 실시이고, 둘째는 징병에 소용되는 경비를 조달하기 위해 부유한 시민들로부터 1억 프랑을 강제적으로 얻어내는 일이었다. 셋째는 반혁명의 테러리즘에 대응하기 위해 망명자와 반도의 가족을 인질로 잡고, 관리와 군인 등 중 한 사람 암살당하면, 그때마다 네 사람의 인질을 유배형에 처하거나 배상금을 징수하는 가혹한 것이었다. 이 신 자코뱅파의 정책에 반대하는 원성이 도처에서 일어났다.

프랑스 국내의 혼란 상태를 적군 포로가 가지고 있던 신문을 통해서 알게 된 나폴레옹은 급거 이집트를 탈출하여 파리 도착과 동시에 쿠데타를 일으켜 통령 정부를 성립시켰다(이것을 '브뤼메르의 쿠데타'라고 한다).

4장
교육 제도의 개혁과 수학자

프랑스 혁명기 동안 수학자들이 교육 제도의 개혁에 남긴 발자취는 매우 크다. 수학자 콩도르세는 공교육에 대하여, 또 수학자 몽주는 과학 기술자의 양성학교인 에콜 폴리테크닉의 교장으로서 후세에 큰 영향을 끼쳤다. 에콜 폴리테크닉은 학생의 양성 장소일 뿐 아니라 과학자가 학자로서 생활할 수 있게 된 최초의 기관이기도 했다.

1. 구제도 하의 교육

구제도 아래서의 초등 교육은 푸티트 에콜(Putit Ecole : 초등학교)에서 이루어지고 있었는데, 이것은 교회의 자선 사업적 색채를 띤 것이었다.

'신에 대한 지식이나 사랑, 외경(畏敬) 속에서 아이들을 교육하는 것이 목적의 하나이므로, 관구 내에 되도록 많은 교사가 있는 것이 바람직하다'고 하면서도, '다른 종교의 책을 읽기 교재로 사용하는 것은 금한다'고 하였고, '아이들을 이교도의 교사 밑에서 배우게 하는 부모는 파문한다'고 되어 있다. 그러나 교사의 질은 매우 낮았던 것 같다. '통틀어 교사는 모두 바쁘고 가난한 존재'였으며, '교사들은 시민으로는 간주되지 못하고 외부인으로 생각되었다. 방랑자나 신분이 확실하지 않은 사람들과 마찬가지로, 그들은 어떠한 결의권도 갖지 못했다.'

한편 부모도 푸티트 에콜의 교육에는 그다지 기대를 갖고 있지 않았다. 아이들이 그리스도교의 설교를 듣고 기도문을 외우기만 하면 나머지는 기껏 읽고 쓰는 일과 약간의 계산을 할 수 있는 정도로 충분하다고 생각하고 있었다. 상류 가정에서는 아이들을 푸티트 에콜에 보내지 않고 부모가 직접 교육하거나 가정교사를 두어 교육하고 있었다.

구제도 하의 교육 기관으로서 가장 중요한 역할을 하여 성과를 올리고 있던 것은 중등 교육 기관인 콜레주(Colege)였다. 이 콜레주는 장기간의 수학 기간이 필요했다. 그에 상응하는 교육비가 필요했기 때문에 가난한 농민이나 직공의 아이들에게는 아무 인연도 없는 존재였다. 따라서 그것은 전적으로 귀족이나 부르주아의 자제를 대상으로 하는 특권적인 학교였다.

콜레주에는 대학에 소속하는 것과 수도회에 소속하는 것이 있었고, 그 밖에 개인이 경영하는 것이 조금 있었다. 대학에 소속하는 것이나 수도회에 소속하는 것은 모두 라틴어와 그리스어 등 고전어의 학습이 중심이었다. 그러나 수도회의 콜레주에는 경쟁 원리를 활용하거나, 형식도야(形式陶冶 : 학습은 소질이나 재능을 향상시키는 것으로 전이한다는 사고방식)라는 주장을 내포하거나, 체육을 장려하고 연극을 활용하는 등 교육 방법상 참신한 점이 있었다. 한편, 대학에 소속하는 콜레주는 대학 자체와 마찬가지로 매너리즘화하여 그다지 인가가 없었다. 푸티트 에콜의 교육과 콜리주의 교육 사이에는 일관성이 없었고 완전히 이질적이었다.

탈레랑(1754~1838)
도량형 통일의 필요성과 공교육
에 관해 제안함. 격변하는 체제
를 교묘하게 처신한 정치가

로무(1750~1795)
콩도르세의 지육에 대해서 훈육
의 필요성 강조. 혁명력 채용에
도 활약함. 만년에 '최후의 산
악파'로서의 소신을 표명한 후
자살함

2. 신헌법 하의 공교육의 개혁

수학자가 활약한 공교육 위원회

1791년 9월 3일 신헌법이 가결 제정되었다. 이 헌법에서는
교육에 관해서 다음과 같이 규정하고 있다.

'모든 시민에게 공통적이면서 동시에 모든 사람에게 필요 불가결
한 교육 부분에 관해서는 무상 공교육 제도가 창설되고 조직될 것
이며, 또 교육 시설은 단계적으로 왕국의 행정 구획과 관련하여 배
치될 것이다.'

신헌법이 제정된 지 3주가 지나서 헌법위원회를 대표하여 탈

레랑은 교육의 자유와 기회 균등의 원칙에 입각하는 '공교육에
관한 보고'를 입헌의회에 제출했다. 그러나 의회의 잔여 기간이
며칠밖에 남아있지 않았기 때문에 실질적인 심사는 다음 회기
의 입법의회로 넘겨지게 되었다.

1791년 10월 1일 개회된 입법의회는 24명의 위원으로 구성
되는 공교육 위원회를 상설하기로 했다. 위원 중에는 콩도르세,
카르노, 아르보가스트 등의 수학자가 포함되어 있었다. 이 위원
회는 위원장으로 콩도르세를 선출하고, 곧 공교육 조직 법안의
작성에 착수했다. 70회에 이르는 회합과 심의를 거듭한 뒤 콩
도르세 자신이 보고자가 되어 이듬해 4월 20일, 「공교육의 일
반 조직에 관한 보고 및 법안」을 제출했다. 이 콩도르세 안의
특징은 다음과 같다.

1. 공교육을 공권력의 배려해야 할 의무로 하고 있는 점
2. 공교육에 대해 기회 균등의 원칙을 중시하고 있는 점
3. 공교육은 지육(知育)에만 한정시켜야 한다고 하는 점
4. 교육은 권력으로부터 독립되어야 한다고 하는 점
5. 배우는 자유와 동시에 가르치는 자유를 주장하고 있는 점

그러나 격조 높은 이 콩도르세 안이 제출된 바로 그날, 프랑
스는 오스트리아에 대해 선전 포고했다. 국회는 교육 문제를
운운할 처지가 아니었다. 콩도르세 안이 심의도 되지 않은 채
지체되는 동안, 입법 의회가 해산되고 국민공회가 개회되었다.

국민공회에서도 공교육 위원회를 상설로 두고 콩도르세 안이
검토되었다. 거기에서는 지육과 더불어 훈육(訓育)도 중시해야
한다는 로무 안이 제기되었는데, 이것은 기본적으로는 콩도르

세 안에 가까운 것이었다. 그동안에 정치 정세가 크게 변화하여 지롱드파와 산악파 사이에는 암투가 계속되고 있었다. 얼마 후 지롱드파 의원이 체포되어 단두대에서 처형되었다. 지롱드파 계열인 콩도르세 안은 기각되고 산악파에 의한 르페르치에 안이 제출되었다. 르페르치에 안의 공자는 다음과 같다.

1. 지육 대신 덕육(德育)을 중시하고 있는 점
2. 교육 기관으로서 국민학료(國民學寮)의 설치를 구상하고 있는 점
3. 민중의 교육 관리에 대한 참가를 요청하고 있는 점
4. 교육에서의 통제의 원리가 중시되고 있는 점

르페르치에 안은 콩도르세 안과 크게 다르다. 지육보다 덕육(훈육)을 존중하고, 교육의 자유보다는 통제 교육을 생각하고 있다. 교육이 기회 균등인 한, 배우는 것은 의무이며 아이들을 학료(기숙사)에 넣어 경제적으로 교육시킬 필요가 있다고 했다. 더구나 부모는 학료의 운영과 기타 일에 협력하지 않으면 안 된다고 규정하고 있다.

르페르치에 안을 실시하려면 5~12살의 아이들 300만 명에 대한 연간 소요 의식비로만 3억 루블의 경비가 필요하다. 이 금액은 당시의 연간 세금 수입의 약 2배에 해당하는 것으로 도저히 실행 불가능했다. 더구나 아이들을 강제적으로 국민학료에 수용한다면 아이들의 노동력을 필요로 하는 빈민 계층에 대해서는 그야말로 사활과 관계되는 타격을 주게 된다.

결국 르페르치에 안은 그림의 떡이라고 하여 폐기되고, 다시 로무 안이 검토되었다. 그런데 실제로는 갑자기 제안된 브키에 안이 채택되었다. 브키에 안의 특징은 다음과 같다.

1. 교육의 목적은 활동적이며 근면한 노동자를 양성하는 데 있다.
2. 인간 형성으로서의 학교는 혁명적인 생활 학교이다.
3. 공교육의 3대 기본 원칙으로서 자유, 공개, 경쟁을 주장하고 있다.
4. 교육 내용의 통제를 들 수 있다.

이상 브키에 안의 공교육 계획은 자유와 통제, 보장과 경쟁의 원칙을 교묘하게 조합하여, 이것을 혁명 사회의 생활 원리로 통합하려 한 매우 독특한 것이었다. 이러는 동안 1793년 8월 20일 프랑스 국내의 모든 아카데미가 폐지되고, 9월 15일 대학이 폐지, 폐쇄되었다.

과학을 가장 필요로 하는 혁명 시대는 '혁명에는 학문이 필요하지 않다'고 하는 소리가 높아지기도 한 시대이기도 했다. 브키에 안의 특색 가운데 하나는 이 점을 가장 잘 나타내고 있다는 것이다.

공교육 제도의 확립

1793년 12월 28일 브키에 안이 수정되어 가결되었다. 그 이듬해 7월 27일에는 테르미도르의 반동이 일어났지만 브키에 안의 노선을 따라 11월 17일에 '초등교육법'이 성립되고, 그 이듬해 2월 25일에는 '중앙학교법'이 성립되었다.

그해 10월 25일에는 도누 안에 의한 '공교육 조직법'이 시행됨으로써 혁명 시대의 교육 체제가 겨우 완성되었다. 도누 안은 르페르치에 안보다는 콩드르세 안에 가깝고 다음과 같은 특색을 지니고 있다.

1. 초등 교육을 경시, 냉대하고 있는 점
2. 중등 교육의 정비, 충실을 생각하고 있는 점
3. 교육의 자유를 전면적으로 인정하고 있는 점

르페르치에 안에서는 초등 교육을 중시하고 있었는데, 도누 안에서는 중등 교육(중앙학교)을 중시하고 있다. 이는 엘리트의 양성을 위한 상급 고등 전문 교육 기관으로 진학하기 위한 준비 단계로 중시된 것이었다. 공교육 기관은 다음의 네 단계로 구분하고 잇다.

(1) 초등학교(Ecole Primaire)

(2) 중앙학교(Ecole Centralale)

(3) 전문학교(Ecole Special)

(4) 국립학사원(Institute National)

초등학교의 취학은 6살에서부터 시작되는데, 취학 연한은 특별히 규정되고 있지 않다. 교육 내용은 읽기, 쓰기, 계산 및 헌법을 가르치게 되어 있고, 특히 프랑스어 학습을 규정하고 있다.
중앙학교는 12살에서부터 6년간으로 커리큘럼은 다음과 같다.

(1) 수학과 자연과학(수학, 실험 물리학, 실험 화학, 박물학, 위생학, 농학, 상학, 공업 기술)

(2) 정신과학과 정치학(과학 방법론, 또는 논리학, 감각과 관념의 분석, 경제학, 법률학, 역사학)

(3) 문학 및 미술〔일반 문법학, 문학, 고대어, 현대어, 회화(繪畫)〕

해체된 대학은 전문학교로 재편성되었다. 유럽 여러 나라의 프랑스에 대한 간섭 전쟁 중, 기술자와 포병 장교의 부족을 절 감한 수학자 몽주 등의 열성적인 제안에 의해, 우선 1794년 12월 중앙공공사업학교(中央公共事業學校 : 에콜 센트랄 드 토라보 퍼블릭)가 개교하고, 이듬해 9월 18일 에콜 폴리테크닉(이공과 학교)으로 개칭하였다.

이어서 교사 양성 전문학교인 에콜 노르말(고등 사범학교)이 1795년 1월 20일 개교하였다(에콜 노르말은 계획이 불충분한 점 도 있어서 불과 3개월 만에 폐교하고, 1812년까지 재개되지 못했다). 그 밖에 군관(軍官)학교와 공예학교, 상선(商船)학교 등 전문학교 가 잇따라 개교했다.

국립학사원(國立學士院)은 다음과 같이 세 부분으로 구분되어 있다.

제1부 자연과학과 수학

제2부 정신과학과 정치학

제3부 문학과 미술

수학자 라그랑주, 라플라스, 몽주, 카르노 등은 학사원 제1부 회원이었다. 카르노가 추방되자 그 후임으로 나폴레옹이 제1부 회원이 되었다.

도누 안에서는 가정 교육의 자유, 사립 교육의 자유, 교수법 의 자유를 강조하고 있다. 이 때문에 공교육, 특히 중앙학교의 교육이 사립 중학교의 압박을 받아 존망의 위기에 직면했다. 그래서 나폴레옹은 1802년 중앙학교를 폐지하고, 중학교에 해 당하는 콜레주에 이어 고등학교에 해당하는 리세(lycée)를 설치 했다. 1808년 3월 제국대학(帝國大學) 조직령을 공포하여 하나

의 교육 관리 체제가 확립되었다. 각종 전문학교는 이 제국대
학의 조직 하에 놓이게 되었다.

◆ 콩도르세(1743~1794)

젊은 나이로 「적분론」을 저술

콩도르세는 프랑스 북부의 작은 마을 리브몽에서 귀족의 아
들로 태어났다. 그의 집안은 본래 남부 프랑스의 명문 출신이
었지만, 대대로 반역 정신이 강했기 때문인지 중앙으로 진출하
여 위세를 떨치는 사람이 나오지 않았다. 콩도르세의 아버지는
기병대위로 리브몽에 주둔 중 젊은 미망인 고돌리를 알게 되어
결혼했다. 얼마 후 오스트리아 계승 전쟁이 일어나 아버지는
출전하여 전사했다. 콩도르세가 출생한 지 불과 35일째의 일이
었다.

아버지의 형제 중에는 성직자가 많았는데 어머니도 열성적인
가톨릭 신자였다. 병약했던 어머니는 사랑하는 아들 콩도르세
를 성모 마리아의 보호 아래 두기 위해, 8살이 될 때까지 흰옷
을 입히며 계집아이처럼 키웠다고 한다. 사내아이다운 난폭한
놀이도 한 적이 없었던 콩도르세는 성인이 된 후에도 병적이라
고 할 만큼 내성적인데다 손톱을 깨무는 버릇이 있었고, 평소
에도 말수가 적었지만 어쩌다가 입을 떼면 낮은 목소리에 그것
도 빠른 말투였다고 한다.

15살 때 파리의 명문 학교 콜레주 드 나바르에 입학했다(이
학교는 혁명 후 폐교되고 그 건물은 에콜 폴리테크닉에 인계되었다).

1759년 부활절을 기념하여 실시된 수학 심사회에서 콩도르세는 어려운 해석학 문제를 풀어서 달랑베르 등 심사위원들로부터 격찬을 받았다.

콩도르세(1743~1794)

콜레주를 졸업한 콩도르세는 수학자로서 입신할 결심을 세우고 고향 리브몽으로 돌아갔다. 그러나 아버지의 뒤를 이어 군인이 될 것이라고 기대하고 있던 어머니와 친척들은 이에 반대했다. 친척들로부터 자금 원조를 받을 수 없게 된 채, 그는 수학자가 되려고 파리로 돌아왔다. 달랑베르의 문하생이 되어 검소한 생활을 하면서 하루 10시간을 공부했다고 한다.

1765년 『적분론(積分論)』을 저술하여 파리 과학아카데미에 제출했다. 심사위원이었던 달랑베르는 '가장 위대한 천재성을 발휘하였으며, 아카데미상을 주기에 가장 적합한 인물'이라고 칭찬했고, 라그랑주도 "이 연구는 우리에게 적분을 완성하게 하는 새로운 한 분야를 개척해 주었다"라고 칭찬했다. 이후 수학 논문을 집필함에 따라 그 명성은 높아갔고, 26살의 젊은 나이로 과학아카데미의 회원으로 선출되었다.

그 무렵 콩도르세는 달랑베르를 따라 레스피나스 양의 살롱에 출석하게 되었다. 레스피나스 양은 콩도르세를 무척이나 귀여워했는데, "입술이나 손톱을 깨무는 버릇을 고쳐야 해요", "신부가 성당을 향해서 참회의 기도를 할 때처럼 몸을 둘로 접고 있는 건 좋지 않아요", "당신은 커피를 지나치게 많이 마셔

요" 등 세세한 주의를 주었다.

레스피나스 양의 살롱은 백과전서파 사람들의 집합처였다. 그래서 콩도르세는 튀르고와 같은 사상계와 학계에서 유명한 지식인들과 교유할 수 있게 되었다. 이러한 교유 가운데서 콩도르세는 항상 겸손하고 냉정했으나 한편, 정의를 주장할 때는 두려워하지 않고, 감동하며 격노하는 격한 성격의 소유자였다. 레스피나스 양에게는 '선량한 콩도르세'라고 불렸으나 달랑베르로부터는 '눈에 덮여 있는 화산'이라는 평을 받았고, 튀르고로부터는 '성난 양'이라고 불리는 일면도 있었다.

도덕과 정치에도 수학을 적용

콩도르세는 1773년에 파리 과학아카데미의 종신 간사로 선출되어 그 직무의 하나로 아카데미의 작고 회원에 대한 '찬사'를 집필하여 평판을 받았다. 이것은 그가 자연과학의 모든 분야에 대해 폭넓은 지식을 가졌을 뿐 아니라 정확하게 이해하고 있었다는 사실을 보여주고 있다.

1774년, 재무 총감(장관)이 된 튀르고의 요청으로 콩도르세는 조폐국 장관이 되었다. 그는 튀르고를 보좌하면서 수학과 자연과학뿐 아니라 경제학과 실무 면에서도 비범한 재능을 보였다. 『백과전서』에 경제, 재정 문제를 집필하여 튀르고의 정책에 원호사격을 하였다. 이는 경제학자로서 콩도르세의 진가를 발휘한 것이었다. 튀르고의 혁신적 정책은 귀족과 성직자, 법관, 자본가 등 특권 계급으로부터 반발을 사서 재직 2년 만에 해임되었다. 콩도르세도 조폐국 장관의 자리에서 물러나기를 바랐으나 사표를 수리해 주지 않았다. 그리고 프랑스 혁명이 발발한 후에도 1년 정도 더 이 자리에 있었던 것 같다.

　1782년 달랑베르의 추천으로 아카데미 프랑세즈의 회원으로 입후보하여 당선되었다. 회원 취임 강연에서 '도덕 과학과 정치 과학이라고 하는 매우 애매한, 사회에 관한 과학에 수학을 적용함으로써 엄밀한 과학의 영역으로 끌어올리려는' 매우 참신한 기획을 표명했다. 이후 수학, 특히 확률(確率)과 통계학을 적용하는 '사회 수학'을 구상하여 1785년 『해석학의 다수결에의 응용』을 간행했다.

'사고하는 유럽의 중추'

　1789년 콩도르세는 43살 때, 자기보다 21살이나 젊은 소피 그루시와 결혼했다. 소피는 세 남매 중 장녀였는데 남동생은 후에 나폴레옹 휘하의 명장으로 이름을 떨친 그루시 원수이며 여동생은 이데올로기 집단의 지도자 카바니스의 부인이 되었다. 콩도르세가 소피에게 결혼을 청했을 때 그녀에게는 남몰래 마음에 두었던 사람이 있었던지 "나는 자유로운 마음을 갖고 있지 못해요"라고 거절했었다고 한다. 그러나 콩도르세는 아버지와 같은 너그러운 사랑으로 그녀와 결혼했다고 한다.

　결혼 생활은 널찍한 조폐국 장관의 공관에서 시작되었다. 콩도르세 부인은 거기에서 살롱을 주최하여 저명한 사상가들, 특히 이데올로기스트라고 불리던 사람들을 초대했다. 프랑스의 저명한 인사들뿐 아니라 미국, 영국, 스위스, 독일의 저명한 인사들도 모여들어, 이 살롱은 '사고하는 유럽의 중추'라고 일컬어지고 있었다. 이 사상가들 사이를 콩도르세 부인은 우아한 모습의 처녀처럼 돌아다니고 있었다.

라부아지에(1743~1794). 화약감독관으로 취임하여 조병창 안에 자신의 실험실을 만들어 연구했다. 화학을 학문체계로 확립하여 '근대 화학의 아버지'로 일컬어진다. 혁명 전에 세금징수 청부인이었기 때문에 왕당파라 하여 처형되다

콩도르세 부인의 살롱이 사회 철학적, 정치적이었는데 비해 라부아지에 부인의 살롱은 과학적이었다. 화학자 라부아지에의 부인이 주최하는 살롱에는 혁명 시대의 과학자로서 혁명에 공헌한 베르톨레와 프르크로와 외에 라그랑주, 반데르몬드, 라플라스, 몽주 등도 출석했다. 이 시내의 살롱은 단순히 담소하는 살롱이 아니라 행동하는 살롱으로 변모해 있었다.

1786년 콩도르세는 세 사람의 부랑자에게 내린 '차열형(車裂刑 : 두 개의 수레에 비끄러매어 찢어 죽이는 처형)'이 부당하다하여 이를 여론에 호소했다. 그 결과 여론이 들끓어 다시 재판을 하게 되었고, 이들 부랑자들은 무죄가 되었다. 콩도르세가 필명을 사용하여 쓴 『흑인 노예 제도에 대한 반성』이 출판되어 평판을 받았다. 여기에서 '인간을 노예로 삼아 매매하고 속박하는 것은 진정 죄악이다'라고 말하고 있다. 이어서 1788년 파리에서 브릿소와 함께 '흑인동우회'를 설립했다. 이 무렵부터 콩도르세는

약자에 대한 사회 문제로 눈을 돌리게 된다.

교육의 '기회 균등'과 '자유'를 주장

프랑스 혁명이 발발하자 브릿소와 함께 '모니토울지'를 창간하여 주로 문필 활동을 했다. 「공교육의 본질과 목적」 등 공교육에 관한 다섯 편의 논문을 썼다. 「공교육의 본질과 목적」의 서두는

'공교육은 국민에 대한 사회의 의무이다.'

라는 문장으로 시작된다. 이것이 콩도르세의 교육관의 기본 이념이다.

콩도르세는 교육을 조직함에 있어서 기회 균등을 지상 원칙으로 삼았다. 그 때문에 모든 교육 과정을 무상으로 할 것을 주장하였으며, 남녀 공학을 주장하고, 지육은 남녀 모두에 대해 동일해야 한다고 말하고 있다.

다음으로 교육은 권력으로부터 독립되어야 한다고 했다. 이 때문에 교육 행정권을 최종적으로는 인민 대표자의 집합체인 의회에 귀속시키고 있는데, 구체적인 운영에 대해서는 학자들로 구성되는 '국립 학사원'에 그 권한을 부여하는 안을 제출했다.

공교육은 지육에만 한정해야 한다는 것도 그의 교육론의 커다란 특색이다. '지육이란 국가가 그 수여자(授與者)이며, 진리만을 대상으로 하는 교육을 말한다. 그것에 반해 훈육이란 종교적, 정치적 의견을 대상으로 하는 교육을 말한다'라고 규정하고 있다. 그래서 '공교육에 의한 훈육의 실시는 아이들의 양육 지도에 관해서 부모가 갖는 자연권(自然權)을 침범하고, 또 진리가

아닌 불확정적인 다수 의견 중 하나를 일방적으로 신성화하게 될 것이 자명하며, 또 각자의 부(富)나 직업의 차이는 만인 공통의 훈육의 실시를 사실상 불가능하게 만든다'라고 생각했다.

또 하나, 콩도르세의 주장 가운데는 교육에서 자유의 존중이 있다. 공교육을 받지 않을 자유도 보장되어 있는 것이다. 동시에 가르치는 측의 국가 권력으로부터의 자유도 보장되어야 한다고 주장하고 있다.

혁명이 시작된 당초의 콩도르세는 입헌파로 세스 등과 더불어 '1789년 클럽'을 설립했다. 그러나 혁명의 진행과 더불어 공화주의자가 되어 갔다. 특히 1791년 6월 국왕 일가의 바렌느로 도망에 격노하여 왕정 폐지자가 되었다. 7월 8일 「공화국에 있어서 자유를 유지하는 데에 왕이 필요한가?」를 발표하여 갖가지 논란을 불러일으켰다.

10월 1일, 파리에서 입법의회 의원으로 선출되고 공교육 위원회에 소속하여 그 위원회의 위원장으로 추대되었다. 일찍부터 품고 있던 자신의 공교육론을 기초로 위원회에서 수십 회의 논의를 거듭한 끝에 이듬해 4월 20일, 콩도르세 자신이 「공교육의 전반적 조직에 관한 보고 및 법안」을 의회에 제출했다. 이것이 콩도르세 안이라고 불리는 것이다.

그러나 앞에서도 말했듯이, 이 의안을 콩도르세가 제출한 바로 그날, 프랑스는 오스트리아에 대해 선전 포고를 했고, 긴박한 내외 정세로 말미암아 이 교육 계획안은 한 번의 심의조차 하지 못한 채 끝나고 말았다. 입법의회 이후의 국민공회에서도 콩도르세 안은 약간씩 수정되어 콩도르세가 의도했던 바가 충분히 실현될 수 없었다.

도망, 옥사

1792년 9월, 왕권이 폐지되고 공화국이 선포되었다. 그때 개회된 국민공회에서도 콩도르세는 다시 의원으로 선출되어 헌법위원회에 소속했다. 국민공회 초기에 콩도르세는 어떤 당파에도 소속하지 않겠다고 선언하였는데도 지롱드파와 산악파는 제각기 그가 자기파에 소속한다고 생각하고 있었다. 그는 루이 16세의 재판 문제에 대해서는 산악파와 대립적인 입장을 취하고 있었다. 콩도르세는 의회에서 사법권이 없다는 사실을 지적하고, 의회에서의 국왕 재판을 중단시키려고 했으나 그 주장은 통하지 않았다. 국왕의 재판이 결정되자 이번에는 사형 폐지론자의 입장에서 사형에 반대했으나 이 의견도 통과하지 못했다. 이 무렵부터 콩도르세의 영향력이 약화되면서 그는 단지 지롱드파의 일원에 불과하다고 간주되었다.

헌법위원회는 열다섯 사람으로, 그들을 대표하여 콩도르세가 기초한 이른바 지롱드 헌법 초안이 1793년 2월 의회에 제출되었으나, 미처 재결에 이르기 전인 6월 2일에 정변이 일어나 지롱드파가 체포되었다. 그 결과 헌법 기초권은 산악파에 맡겨지고, 지롱드 헌법안은 수정되어 6월 24일에 체결되었다. 이것이 이른바 산악파 헌법이다. 콩도르세는 이 헌법을 비판했기 때문에 7월 8일 반산악파이며 지롱드파의 일원이라 하여 체포령이 떨어졌다.

그는 파리 남부에 있는 뤽상부르 근처의 베르네 부인의 집으로 피신했다. 8개월 동안을 그 집의 방에 틀어박혀서 명저 『인간정신진보사(人間精神進步史)』를 완성했다. 그동안 콩도르세 부인은 상 토노레 거리에 있는 삼베 가게 이층의 방 하나를 빌려

초상화를 그려가면서 생계를 꾸려 나갔다. 밤에는 사람들의 눈을 피해서 몰래 콩도르세의 은신처에 찾아와 슬픔을 나누었다. 그녀는 빈곤과 이중생활을 견디다 못해 콩도르세에게 이혼을 요청했고, 콩도르세도 부인을 생각하여 승낙하였던 것 같다(이혼은 콩도르세의 사후에 성립되었다).

『인간정신진보사』의 근본적 이념은 '인간은 이성(理性)의 빛에 비춰져서 진보해 왔으며, 앞으로도 진보한다'는 점에 있다. 그리고 가장 지성적인 것으로 수학을 들고 있다. 자연과학뿐만 아니라 사회 과학, 도덕 과학 속에 수학을 도입함으로써 여태껏 해결할 수 없었던 여러 가지 문제도 해결되리라고 생각하고 있다. 콩도르세의 사상은 지적(知的) 낙관주의라고 할 수도 있을 것이다. 또 인간성의 선(善)을 확신하고 있는데, 그 점에서도 매우 낙관적이다.

1794년 3월 25일, 베르네 부인에게 피해가 미칠 것을 두려워한 콩도르세는 테이블 위에, 아내에게 보내는 결별의 말과 5살의 딸에게 보내는 마지막 말을 남겨 놓고 부인의 집을 나섰다. 그 내용은 읽는 사람으로 하여금 눈물을 머금게 하는 감동적인 것이었다고 한다. 친구의 집을 찾아가 보호를 청했으나 뒷일을 두려워한 친구 부인의 거절로 다시 정처 없는 방랑의 길을 떠났다.

3월 27일, 부르라 네느의 식당에 앉아 있다가 경관의 불심검문을 받고, 신분증명서의 제출을 요구받았으나 갖고 있지 않았기 때문에 체포되어 감옥에 수용되었다. 3월 29일 아침, 감옥 속의 마룻바닥에서 차디찬 시체로 발견되었다. 졸중(卒中)이라고 보고되었으나 처제인 의사 카바니스로부터 받아 몰래 가지고 있던 독약을 마시고 자살했을 것이라는 말도 있다.

재원인 콩도르세 부인은 남편과의 이혼이 성립되어 재산의 일부를 확보할 수 있었다. 부인의 살롱은 그 후에도 화려함을 잃지 않았으며, 나폴레옹의 제정(帝政)에 반대하는 사람들의 회합장소로 되어 있었다. 망부의 저작집을 내기도 하고 자신도 아담 스미스의 저서를 프랑스어로 번역하여 출판했다. 그러한 한편에서는 살롱에 드나드는 명사들과 염문을 남기고 있기도 하다.

* * * * *

콩도르세는 적극적으로 혁명에 참가하여 혁명을 추진하는 데 힘쓴 사람 중의 하나다. 그는 죽는 순간까지 인간 이성의 진보를 확신하면서 혁명의 장래를 낙관하고 있었다. 그러나 사랑하는 처자를 남겨 두고 반대파의 추적을 벗어나기 위해 스스로 목숨을 끊었다.

◆ 아르보가스트(1759~1803)

해석학의 발전에 공헌

아르보가스트는 프랑스 동부의 알자스에서 태어났다. 후에 독일 국경 근처의 스트라스부르 포병 학교의 교수가 되었다.

1787년, 페테르부르크 과학아카데미는 편미분방정식(偏微分方程式)의 해(解)에 나오는 '임의 함수'를 어디까지 허용할 것인가 하는 현상 논문을 내놓았다. 아르보가스트는 연속의 개념을 검

84

토함으로써 불연속인 함수조차도 허용할 수 있다는 것을 제시하여, 19세기 이후의 해석학의 방향을 설정했다. 또 1789년에는 파리 과학아카데미에 논문을 제출하여 라그랑주의 칭찬을 받았다.

1791년 10월 1일, 입법의회의 의원으로 선출되어 콩도르세를 위원장으로 하는 공교육 위원회의 위원으로 선출되었다. 이듬해 11월 26일에는 「공교육의 초등 교과서 편찬에 관한 법안」을 공교육 위원회에 제출했고, 그 이듬해 5월 28일에는 공교육의 커리큘럼에 관한 제안도 했다. 이 제안서 작성에는 화학자 라부아지에의 의견도 참작했다고 하는데 매우 주목할 만한 내용을 담고 있다. 그 때문에 후에 로무의 제안에는 아르보가스트의 안이 많이 채택되어 있다고 한다.

6월 2일, 지롱드파의 의원들이 체포되었기 때문에 공교육 위원회도 산악파의 독무대가 되었고, 이 파의 르페르치에 안을 서둘러 통과시키기 위해 산악파는 '6인 위원회'를 만들어 산악파의 우두머리 르페르치에를 위원으로 참가시켰다. 산악파의 계획대로 르페르치에 안이 의회를 통과했으나 실행 면에서 너무도 난점이 많았기 때문에 평판이 그리 좋지 못했던 것 같다.

그러한 상황 가운데서도 아르보가스트는 8월 1일 「도량형 통일에 관한 법안」을 의회에 제출하였다. 한편 9월 16일 '6인 위원회'에 네 사람의 위원을 추가하여 '10인 위원회'로 하기로 결정했다. 추가된 위원 중에는 로무와 아르보가스트가 포함되어 있다. 두 사람은 협동하여 르페르치에 안을 폐기시키고 로무 안을 채택하도록 운동을 전개했다. 결국 르페르치에 안을 폐기시킬 수 있었으나, 엉뚱하게도 로무 안에 대항하여 제안된 브키에 안이 가결되고 말았다.

혁명 정부가 국립 학사원을 설립했을 때(1796) 아르보가스트는 학사원의 준회원으로 선출되었다. 격동하는 사회 속에서 그는 스트라스부르에서 43살의 생애를 마쳤다.

3. 에콜 폴리테크닉

과학 기술자의 양성이 급선무

프랑스 혁명 동안, 기술 장교들이 대부분 해외로 빠져 나가 버려 포병 장교, 공병 장교가 크게 부족했다. 외부로부터의 간섭전쟁에 이기기 위해서는 훈련된 과학 기술자의 양성이 급선무였다. '공화국에는 과학자가 필요치 않다'고 하여 위대한 화학자 라부아지에가 단두대의 이슬로 사라진 1794년 3월 8일의 사흘 후에 '기술자를 훈련하는 위대한 학교'의 필요성을 주장하는 문서가 나왔다. 테르미도르의 반동이 있은지 2개월 후인 9월 24일 과학 기술자의 양성을 위한 중앙공공사업학교가 설립되어 12월 21일부터 수업이 시작되었다. 이 학교는 이듬해 9월 1일부터 에콜 폴리테크닉으로 개칭된다.

이 학교의 창립에 관해서는 카르노가 열의를 보였고, 프류르(1763~1832)가 설비와 자재 조달에 임했다. 학교의 제도 정비는 화학자 프로크로와가, 커리큘럼의 설정은 수학자 몽주가 담당했다. 실험 설비는 벨기에 국경 근처에 있는 메제르 공병학교와 라부아지에의 실험실에 있던 것이 사용되었고, 또 센강 하구의 항구 르아브르 조병(造兵)공창으로부터 기증된 군용 기계가 사용되었다. 화학 재료는 병원으로부터 얻어왔고 포획한 영국 선박에 있던 연마되지 않은 다이아몬드도 화학 실험의 재료가 되었다. 또 연구비를 조달하기 위해 루브르미술관으로부터 그림을 들어내어 팔아서 자금의 일부로 충당했다고 전해지고 있다.

개교 당시의 법령에 의하면 '수학 및 물리학적 지식을 필요로 하는 직업을 무료로 배우고…… 토목 공업에 종사할 모든 청년을 위해' 설립하는 것이라고 규정되어 있는데, 군사적 색채가 짙은 학교였다. 구제도 시대의 학교처럼 학생의 신분을 가리는 일은 없었고, 실력만 있으면 누구라도 입학할 수 있으며 더욱이 학비를 지급한다고 했기 때문에 인기가 있는 것은 당연한 일이었다. 프랑스 국내 스물두 군데의 시험장에서 대수, 기하, 삼각법, 물리학을 시험하여 선발했다. 개교 당시 16살에서부터 20살까지 400명에 가까운 학생이 있었다.

혁명기에 많은 과학자를 배출

교수진은 당대 일류의 학자들로 구성되어 있었다. 초대 학장은 라그랑주였고 수학자 몽주, 푸리에, 화학자 베르톨레, 프로크로와 등이 교수로 교편을 잡고 있었다. 커리큘럼으로는 해석학, 대수학, 역학, 화법(畵法)기하학, 물리학, 화학 외에 기계, 토목, 축성(築城) 등의 여러 기술이 포함되어 있었다. 특히 몽주가 1학년 학생을 대상으로 하여 실시한 화법기하학의 지식이 없었다면 아마도 19세기 기계의 대량 생산이 불가능했을 것이라고 말할 만큼 중요한 의미를 갖고 있었다.

창립 당초의 에콜 폴리테크닉은 3년간의 교육 완성을 목표로

하고 있었는데 1799년 12월부터 규칙이 개정되어, 2년간의 기초 과정을 마친 뒤 2년간의 전문 과정으로 나아가게 되었다. 그 전문 과정에는 육상 포병과, 해상 포병과, 공병과의 장교 양성 과정이 있고 한편 토목과, 조선 항해과, 광산과, 지도과(地圖科) 등의 기사 양성 과정도 있었다.

에콜 폴리테크닉의 졸업생 중에는 수많은 훌륭한 과학자와 기술자가 배출되었다. 여기에 창설 이래 약 20년간(나폴레옹의 몰락까지) 졸업한 저명한 수학자, 물리학자, 화학자의 이름을 들어 둔다.

비오, 말루스, 포앙소, 게이뤼삭, 푸아송, 뒤팡, 나비에, 브리앙숑, 뒬롱, 비네, 아라고, 퐁슬레, 프레넬, 코시, 보리올리, 샬르, 사디 카르노 등.

◆ 몽주(1746~1818)

'황금의 소년', 젊어서 화법기하학을 창시

몽주는 프랑스 중동부의 시골 마을 보느에서 칼날을 세우러 돌아다니는 행상의 아들로 태어났다. 14살 때 설계도도 없이 소화 펌프를 조립하여 사람들을 깜짝 놀라게 했다. '내게는 틀림없이 성공할 수 있는 두 가지 수단이 있었다. 하나는 버텨내는 힘이고, 하나는 기하학과 같은 충실성으로 생각하고 번역해 주는 손가락이다'라고 말하고 있듯이, 그는 천성이 기하학자이자 기사였으며, 복잡한 공간 관계를 구상화하는 능력에 있어서

88

몽주(1746~1818)

는 아무도 당해낼 사람이 없었다.

16살 때는 보느의 지도를 작성하였는데 읍사무소에 그 지도가 전시될 정도였고, 어릴 적부터 총명하여 '황금의 소년'이라고 불렸다. 전시된 지도를 본 어느 공병 장교가 메제르 공병사관학교에 진학시키라고 아버지를 설득했다.

당시의 사관학교는 귀족이나 상류 계급의 자제가 입학하는 곳이었으므로 몽주는 부득이 별과(別科)에 입학할 수밖에 없었다. 아무리 유능한 사람이라도 몽주와 같은 하층 계급의 출신자는 기껏 하사관으로 끝나야 했고, 장교로의 길은 열려있지 않았다. 이 사실은 특권 계급에 대한 반발로 일생 동안 몽주의 가슴에 새겨지게 되었다.

입학한 지 얼마 후, 요새 구축을 위한 계산 과제를 받은 몽주는 새로운 방법을 고안하여 단시간에 결과를 보고했다. 그렇게 빠르게 계산이 끝날 리가 없다고 생각한 상관은 숫자를 적당히 꾸며 맞춘 것이 틀림없다고 생각하여 몽주의 결과를 좀처럼 믿으려 하지 않았다. 결코 조작한 것이 아니라는 것과 새로운 방법을 고안했기 때문에 계산 결과를 빨리 얻을 수 있었다는 것을 주장하여 끝내 몽주의 우수성이 인정되었다. 이것이 몽주의 화법기하학[입체를 몇 개의 평면으로 투영하여 표현하는 기하학. 현재는 주로 도학(圖學)에 포함된다]의 기원이다. 이 방법은 너무나 훌륭한 것이었기 때문에 적에게 알려지는 것을 두려워하여 대외에는 비밀로 취급되었다.

그 대신 몽주는 조교수로 채용되어 공병 장교 후보생들에게 이 새로운 방법을 가르치는 의무가 주어졌다. 이것은 몽주가 열아홉 살 때의 일이다. 학생들에게 이 새로운 방법을 가르치면서 화법기하학을 완성시켜 나갔다. 22살 때는 완성된 형태가 되어 있었다고 한다. 전임자인 교수가 퇴직했기 때문에 몽주는 22살의 젊은 나이로 교수가 되었다.

곡면의 곡률과 공간을 연구하여 이 논문들을 파리 과학 아카데미에 제출하였다. 그 무렵부터 파리의 수학자들, 즉 달랑베르, 반데르몬드, 콩도르세, 라플라스와 화학자 라부아지에, 베르톨레 등과 교분을 갖게 되었다.

1777년 몽주는 31살에 결혼했다. 이 결혼에는 다음과 같은 에피소드가 있다. 어느 날 리셉션 석상에서 어떤 벼락부자가 젊은 미망인에게 구혼을 했다가 거절을 당한 일에 앙심을 품고, 그 미망인을 헐뜯고 있는 것을 들은 몽주는, 그에게 다가가서 진실을 따졌다. 그는 "확실히 그렇기는 하지만, 그게 어쨌다는 거냐!"하고 대들었다. 그러자 몽주는 "수치를 알게!" 하면서 상대방에게 일격을 가했다고 한다. 몇 달 후 미망인은 몽주 부인이 되었다. 그녀는 격동의 시대 동안 잠시도 남편 곁을 떠나지 않았다. 그리고 남편보다 더 장수하며 남편의 이름을 영원히 빛내기 위해 그녀가 할 수 있는 모든 일을 다 했다고 한다.

1780년 몽주는 파리 과학아카데미의 회원이 되는 동시에 루브르에 새로 건설된 수력학(水力學) 연구소의 소장을 겸무했다. 반년은 파리에서 보내고 나머지 반년은 메제르에서 보내는 바쁜 생활을 하고 있었다. 루브르에서 강의를 들은 수강생 중에는 카르노와 무니에가 있다. 1783년 메제르 사관학교를 사직하고 파리 해군사관학교의 교수로 취임했다. 거기에서 했던 강의를 정리한 것으로 『역학요론(力學要論)』이 있다.

그 무렵 그는 수력학뿐 아니라 화학과 물리학에 관계되는 많은 논문을 썼다. 『물의 합성과 분석』(라부아지에와 공저), 『철과 강철의 합성』, 『이산화탄소에서의 전기 방전』, 『모세관』, 『광학』 등이다.

혁명에 바친 일생

1789년 프랑스 혁명이 일어나자 몽주는 적극적으로 혁명에 참가했다. 이듬해에 자코뱅 클럽이 개설되자 반데르몬드와 무니에를 권유하여 이에 가입했다. 1792년 8월 10일 왕권 정지의 혁명 직후 성립된 내각에서 몽주는 해군 장관이 되었다. 몽주는 본래 산악파에 소속해 있었으나 친구 콩도르세의 간절한 요청으로 지롱드 내각의 일원이 되었다.

당시 산악파와 지롱드파 사이에는 암투가 계속되고 있었는데, 산악파에 속하면서도 온건한 사상의 소유자였던 몽주는 양쪽 파로부터 비판을 받았던 것 같다. 프랑스 해군의 조직이 약체였기 때문에, 그는 이렇다 할 성과도 올리지 못하고 반년 만에 사직을 청했다. 그러나 이 반년 동안 국왕의 재판이 있었고, 국왕이 단두대에 세워졌으며, 오스트리아뿐만 아니라 영국, 네덜란드와도 전쟁이 시작되는 등 격동의 시대였다.

해군 장관을 사직한 후 몽주는 군수 공장의 최고 책임자가 되어 눈부신 활약을 했다. 교회의 종을 녹여 대포를 만들고, 많은 과학자를 동원하여 우수한 제련법(製鍊法)을 발명했으며, 땅속에서 질산칼륨을 채굴하는 방법, 간단한 화약의 제조 방법

등을 고안했다. 몽주는 날마다 공장을 돌아다니면서 지도했는데 그동안 아무 보수도 없이 일했다. 후에 몽주 부인이 한 말에 따르면, 버터도 없는 빵 한 조각을 들고 새벽 네 시에 집을 나섰다고 한다. 과로 때문에 인후염에 걸린 적이 있었다. 친구 베르톨레가 목욕이나 하고 푹 쉬라고 권했으나, 몽주의 집에는 목욕물을 데울 장작조차 없었고 당시의 파리에는 공중목욕탕이 한 군데도 없었기 때문에 베르톨레의 충고는 사실상 실행할 수가 없었다.

그러던 중에 몽주 부인은 남편과 베르톨레가 고발을 당했다는 무서운 소문을 듣고 베르톨레의 집으로 찾아갔다. "그렇습니다. 그런 소문을 들었어요, 그러나 이번 주일에는 별 일이 없겠지만, 우리 두 사람은 틀림없이 체포되어 재판에 돌려질 겁니다"하고 베르톨레는 대답했다. 아내로부터 그 말을 들은 몽주는 소리쳤다. "뭐라구! 그 따위 일은 전혀 몰라. 알고 있는 건 대포 제조 공장이 굉장히 잘 돌아가고 있다는 것뿐이야."

얼마 후인 1794년 7월, 그는 자기가 묵는 하숙집의 문지기로부터 고발되어 피고의 입장에 서게 되었다. 다행히 그달 말 테르미도르의 반동으로 몽주를 고발했던 과격파 무리들이 숙청됨으로써 아무 일도 일어나지 않았다.

과학 기술자의 양성에 진력

기술 장교와 기술자의 부족을 통감하고 있던 혁명 정부는 과학 기술자의 양성을 위한 전문학교의 설립을 구상하고 있었다. 기술 전문학교의 설립에 대해서는 공안위원회의 위원으로 있는 수학자 카르노부터 상의를 받고 있었다. 1794년 12월, 과학 기술자의 양성을 목적으로 하는 중앙공공사업학교가 설립되고, 이듬해 9월 18일에는 에콜 폴리테크닉으로 개칭되었다.

몽주는 교장이 되어 달라는 권고를 받았으나 "유럽 최대의 기하학자 라그랑주를 임명하십시오. 나는 수레를 끄는 일을 거드는 편이, 마부 자리에 앉아 있을 때보다 쓸모가 있을 것입니다"하고 라그랑주를 추천했다. 몽주는 일개 교수로서, 특히 저학년을 대상으로 하는 화법기하학, 해석기하학을 담당했다. 이들 강의는 이론뿐만 아니라 응용 방면에도 충분히 눈을 돌리고 있었다. 또 몽주의 강의에는 몸짓이 자주 쓰였는데, 몸 전체로 곡면을 표현하고 손의 움직임으로 곡선을 나타냈다고 한다. 몽주에게는 프랑스 국가를 위해서 젊은 학생을 교육한다는 신념이 있었다. 제자 뒤팽은 다음과 같이 말하고 있다.

"몽주 선생의 강의는 그때까지 외국의 산업에만 의존해 온 프랑스 국민을 독립시키기 위한 하나의 수단이라고 생각되었다."

당시에 설립된 학교는 에콜 폴리테크닉만이 아니었다. 교원 양성을 위한 에콜 노르말도 1795년 1월 20일에 개교하였고, 몽주는 그곳의 교수도 되었다. 거기에서 했던 강의가 『화법기하학』으로 1795년에 출판되었다. 또 폐지된 아카데미 프랑세즈 대신 설립된 국립 학사원의 회원으로도 선출되었다.

정열을 쏟았던 에콜 폴리테크닉의 교육도 한때 중단하지 않으면 안 되었다. 그것은 이탈리아로 와 달라는 나폴레옹으로부터의 요청이 있었기 때문이다. 나폴레옹이 전리품으로 노획한 회화와 조각 기타 미술품을 감정하여 그것을 프랑스로 보내기 위한 작업이었다. 루브르 미술관에도 다 수용할 수 없을 정도로 많은 전리품의 산더미를 보고 놀란 몽주는, 피정복민의 골

수까지 짜내려 하는 것은 그 국민을 통치하는 입장에서 결코 바람직한 일이 아니라고 나폴레옹에게 진언하여, 그 때문에 약간 억제되었다고 한다.

이탈리아에서 돌아와 얼마 동안 교단에 섰으나 1798년 5월 다시 나폴레옹의 요청으로 이집트 원정에 참가하게 되었다. 나폴레옹은 몽주와 베르톨레, 푸리에 등의 과학자를 데리고 가서 고대 이집트를 발굴 조사하려고 생각했던 것이다. 나폴레옹은 카이로에 입성하자 곧 이집트 학사원을 설립하고 몽주를 초대 원장으로 임명했다. 몽주는 그 학사원기요(學士院紀要) 창간호에 「신기루에 대하여」라는 논문을 싣고 있다. 이것으로 신기루에 관한 올바른 지식을 얻은 병사들은 그 이후, 신기루에 현혹되어 목숨을 잃는 일이 없어졌다고 한다.

나폴레옹의 이집트 원정은 학문적으로는 '이집트학'을 만들어 후세에 많은 영향을 끼쳤으나 정치적으로는 실패였다. 멀리 이집트에 있으면서 본국 프랑스의 정세를 알지 못했던 나폴레옹은 적군의 포로가 갖고 있던 신문을 보고서야 조국의 위기를 알고 서둘러 프랑스로 돌아왔다. 그때 몽주와 베르톨레 등 극소수의 사람들은 동행했으나 푸리에 등은 거기에 남겨졌다.

나폴레옹은 귀국하자 곧 브뤼메르(서리의 달)의 쿠데타로 정권을 탈취하고 통령 정부를 수립하여 자신이 제1통령의 자리에 앉았다. 이집트에서 돌아온 몽주는 에콜 폴리테크닉의 교장이 되어 여생을 그곳에서 교육에 바치게 된다. 1801년에는 명저 『기하학에 있어서의 응용해석학』을 저술하여 데카르트에 의해 발명된 해석기하학을 누구나 손쉽게 이용할 수 있는 계통적인 학문 체계로 완성시켰다.

94

레지옹 도뇌르 훈장
나폴레옹이 1802년 5월 1일에 제정
한 것으로 프랑스 최고의 훈장

1801년 몽주는 나폴레옹의 임명에 의해 상원 의원이 되어 나폴레옹 정권의 과학 고문으로 중심적인 역할을 하였다. 1804년 나폴레옹은 황제가 되었다. 그때 나폴레옹은 몽주에게 레지옹도뇌르 훈장(La Légion d'honneur)을 주었다. 1806년 상원 의장, 1808년 백작이 되었다. 혁명 초기에는 모든 작위와 특권에 반발하고 있던 몽주도 나폴레옹으로부터 백작 작위를 받고는 매우 기뻐했다.

나폴레옹이 황제가 된 무렵부터 나폴레옹의 학문 지배와 교육 통제가 시작되었다. 1803년에는 국립 학사원의 제2부문인 '정신과학과 정치학'을 폐지했으며, 1806년부터 이듬해에 걸쳐서는 '제국대학'에 관한 법률을 제정하여 대학까지 포함하는 공교육을 국가의 통제 아래 두었다. 당연히 나폴레옹의 손길은 에콜 폴리테크닉에도 닿았다.

나폴레옹의 대관식에 에콜 폴리테크닉의 학생들이 참석을 거부했다. 노한 나폴레옹이

"몽주 군, 자네 학생들은 거의 전원이 내게 반항하고 있지 않은가."

하고 말했다. 그때 몽주는

"폐하, 학생들을 공화주의자로 만드는 일만 해도 저로서는 힘껏 노력한 결과입니다. 그들을 제국주의자로 만드는 데는 다소 시간이

걸립니다. 하지만 폐하의 전향은 다소 일렀던 것처럼 생각됩니다.”

하고 대답하여 학생들을 감싸 주었다고 한다.

에콜 폴리테크닉의 아버지

1805년 나폴레옹이 에콜 폴리테크닉을 군사 목적의 기술자 양성 기관으로 변경하려 했을 때 몽주는 완강히 저항했다. 또 나폴레옹의 명령으로 기숙사 비용을 지급하는 제도가 폐지되었을 때도 몽주는 그 비용을 치를 수 없는 학생들을 위해 자신의 봉급을 쪼개어 대신 지불하기도 했다.

1809년 몽주는 63살의 나이로 교직을 은퇴했다. 마지막 강의에서 몽주는 “나의 벗들이여, 이제 나는 제군들과 결별하고 영구히 교직을 단념하지 않으면 안 됩니다. 나의 굳어진 팔과 약해진 손은 이미 필요한 만큼의 민첩성을 발휘할 수 없습니다”라고 말했다. 이것은 몽주의 트레이드마크라고 할 몸짓이 풍부한 수업이 불가능하게 되었다는 것을 말하고 있다.

그런데 나폴레옹이 러시아로부터 철퇴하면서, 연합군이 사태처럼 프랑스 국내로 침입해 왔다. 67살의 몽주는 안절부절못하다 끝내 방위군을 조직하여 적에게 항전을 시도했다. 그러나 파리는 함락되고 부르봉 왕조가 부활했다. 엘바섬을 탈출한 나폴레옹이 부활했을 때 몽주는 기뻐했지만 그것은 백일천하(百日天下)로 끝나 버렸다. 나폴레옹이 다시 세인트헬레나로 유배되자 부르봉 왕조는 몽주를 추방했다. 정신적으로 큰 타격을 받았기 때문인지 그는 치매 상태가 되어 파리의 빈민굴에서 생애를 마쳤다. 72살 때였다.

에콜 폴리테크닉의 학생들은 몽주의 장례식에 참가하려 했으

나 허가를 얻지 못했다. 그러나 이튿날 학생들 전원이 몽주의
무덤 앞에 엎드려 '에콜 폴리테크닉의 아버지'와의 마지막 이별
을 아쉬워했다고 한다.

* * * * *

수학자 몽주는 적극적으로 혁명에 참가하여 대포와 화약의
제조 등에 힘썼고, 혁명전쟁의 승리를 위해 온갖 정력을 쏟았
다. 나폴레옹의 몰락 후 마음을 붙일 곳이 없어졌기 때문인지
치매 상태까지 되었다. 몽주의 일생은 혁명의 소용돌이 속에서
조금의 주저도 없이 오직 혁명에만 바친 생애였다고 할 수 있
을 것이다.

5장
도량형의 통일과 수학자

정치 구조가 개혁되는 한, 사회 속의 낡은 제도도 바뀌지 않으면 안 된다. 도량형(度量衡)의 단위는 지역에 따라 달라서 인민에게 매우 불편했다. 인민을 위해 새로이 통일적인 도량형을 만든다는 것은 혁명 정부로서도 중요한 사업 중 하나였다.

그 사명을 떠맡게 된 것이 과학자들, 그중에서도 수학자들이었다. 그러나 이 일은 결코 순탄하지 못했다.

1. 미터법의 제정

필요했던 공통 단위

길이 등의 계량 단위는 시대에 따라서 또 같은 시대라도 살고 있는 나라와 지역에 따라서 달랐다. 교통이 편리해지고 넓은 범위의 사람들과 교류할 수 있게 되고 산업이 발달하게 되자 계량 단위가 다르다는 것은 큰 불편이었다. 같은 단위 명칭으로 불리고 있기는 하나 기본이 되는 양이 다르면 여러 가지 분쟁이 생기게 된다.

따라서 계량 단위를 결정하려는 시도가 여러 번에 걸쳐 있었다. 각 도시마다 도량형의 기준기(基準器)를 만들어 안전한 장소에 보관하고 있었고, 때로는 시내에 동상을 세워 그 동상의 팔 길이를 기준으로 삼는 등의 방법도 취하고 있었던 것 같다. 그러다가 만국 공통의 기준이 되는 단위를 결정하자는 제안이 나오게 된 것은 17세기 후반에 접어들고서의 일이었다.

진자시계(榛子時計) 발명자로 알려진 하위헌스는 1660년경 1초진자(一秒振子)의 팔 길이의 3분의 1을 '시계 피트'로 하는 안

을 구상하고 있었다. 그러나 측정지
에 따라서 1초진자의 길이가 달라진
다는 결과가 보고됨으로써 하위헌스
도 확신을 갖지 못했던 것 같다.

당시 진자의 주기 T가 진자의 진
동 길이 ℓ의 제곱근에 비례한다는
것은 알려져 있었지만, 중력 가속도
g와도 관계가 있다(측정지에 따라서 수
치가 다르다)는 것을 몰랐었기 때문이
다. 길이 1m의 진자의 주기를 T초라
고 하면

하위헌스(1629~1695)
네덜란드의 수학자, 물리학자,
뉴턴의 빛의 입자설에 대해 파
동설을 주장했다. 또 토성의 고
리의 발견자로도 유명

$$T = 2\pi \sqrt{\frac{\ell}{g}}$$

가 성립한다는 것으로 현재 알려져 있다. 1초진자의 주기는 진
자가 왕복하는 시간이 2초이므로, T를 2로 하여 계산하면,

$$\ell = \frac{g}{\pi^2} = \frac{9.08}{3.14^2} = 0.99 \cdots\cdots (m)$$

가 된다. 즉, 1초진자의 길이는 약 1m다.

1670년 리옹의 어느 교회에서 대리 사제(司祭)로 있던 무턴
은 도량형에 10진법을 사용할 것과, 지구 대원(大円)에서 1분되
는 호(弧)의 길이를 1마일로 부르고, 길이의 기준으로 삼자고
제안하였다. 그러나 지구는 완전한 구가 아니므로 같은 대원이
라고 하더라도 적도를 취할 것인지 자오선을 취할 것인지에 따
라서 크게 달라진다.

프랑스 천문학자 피카르(1620~1682)는 1671년 적도의 길이를 실측하여 정확한 값 40,042㎞를 얻었다. 18세기로 접어들자 프랑스 과학자들은 지구상의 각지에서 지표면의 곡률을 실측할 필요를 느끼고 있었다. 1735년 라 콩다민(1701~1774)을 대장으로 하는 페루 조사대가 파견되고, 이듬해에는 모페르튀를 대장으로 하는 북 스웨덴의 라플랑드 조사대가 파견되었다.

그 결과 지구는 적도 쪽이 큰 편평한 회전 타원체라는 사실이 확인되었다. 그러나 세계 각처에서 측정된 값은 국제적으로 공통적인 척도(尺度)가 없기 때문에 착오가 생긴다는 것을 알고, 라 콩다민 등은 국제적인 공통 단위를 만들어야 한다고 주장하고 있었다.

1740년, 프랑스 천문학자 라카이유(1713~1774)는 프랑스 북부의 됭케르크로부터 스페인령 바르셀로나까지 실측하고, 그것을 기초로 하여 자오선의 길이를 산출하였다. 한편 1787년 파리 천문대와 그리니치 천문대가 공동으로 '측지 위원회'를 조직하여, 양국의 과학자들이 관측 결과를 서로 비교하였다. 위원의 한 사람이었던 르장드르는 종전의 방법을 개량하여 구면삼각(球面三角)에 의한 측지법을 개발하여 정밀도를 향상시켰다.

먼저 10진법의 채용을 결정

이러한 상황에서 프랑스 혁명이 일어났고, 혁명 정부는 만국 공통의 도량형 단위를 설정할 필요를 느끼고 있었다. 1790년 5월 8일, 위원 탈레랑은 입법의회에 '1초진자의 길이를 기준으로 취하는 신제도를 만들 것과, 이것을 국제적인 것으로 재정하기 위해 영국과 협동해야 한다'고 제안했다.

의회는 이 제안을 받아들이는 동시에 영국 의회에 대해, 런던 왕립협회와 파리 과학아카데미가 공동위원회를 조직하고, 각각의 도량형에 대해서 불변의 표준을 만들자고 요청했다. 요청을 받은 과학아카데미는 보르다, 라그랑주, 라부아지에, 실르, 콩도르세 등으로 도량형 제정위원회를 만들고 라그랑주를 위원장으로 선출했다.

이 위원회에서는 먼저 10진법을 채용하기로 결정했다. 10보다 12가 약수가 많으므로 12진법을 채용하는 것이 실용적이고 편리하다는 의견도 나왔으나, 위원장인 라그랑주가 "그렇게 말한다면 반대로 약수가 없는 소수 11을 채용하는 것이 합리적이라고 할 수도 있다"하고 꼬집은 결과 10진법으로 결정되었다고 한다. 길이의 단위를 무엇에서부터 얻느냐 하는 것에 대해

1. 위도 45에서의 1초진자의 길이
2. 지구 적도의 4천만 분의 1
3. 지구 자오선의 4천만 분의 1

중 어느 것을 채용할 것인가에 대해 검토했다. 그 결과

1. 1초진자의 길이는 지구 중력의 크기에 지배되고, 시간의 단위인 초가 길이의 정의 속에 나오기 때문에 부적당하다.
2. 지구 적도의 길이의 측량은 열대와 바다가 끼어들기 때문에 곤란하다.
3. 지구 자오선의 길이는 측량이 가능한데다 또 경험도 있다(보르다의 제안에 의해 이 길이를 1미터라고 부른다).

라는 답신을 제출했다.

길이 단위 제정

1791년 3월 26일, 입헌의회는 과학아카데미로부터의 답신을 채택하고 도량형 실시위원회를 발족시켰다. 그리고 각 담당 위원을 다음과 같이 정했다.

측량의 기준선 측정은 몽주와 무니에가, 됭케르크~바르셀로나 구간의 삼각 측량은 드람브르와 메셍이, 질량의 단위 결정에 필요한 물의 밀도 측정은 라부아지에와 아우이(1743~1822, 광물학자)가 참고로 하기 위한 1초진자의 길이 측정은 보르다와 쿨롱이, 낡은 단위와의 비교는 실르와 브리송, 반데르몬드로 결정되었다.

1792년 봄부터 작업이 시작되었으나 특히 자오선의 측량에 상당한 세월이 필요하다고 판명되었기 때문에, 1793년 8월 1일, 라카이유가 전에 측정했던 결과를 바탕으로 잠정적으로 1미터의 길이를 설정하고 의회의 승인을 받았다. 이 제안자는 공교육위원이던 수학자 아르보가스트다.

그 무렵 자롱드파 의원이 체포, 처형됨으로써 공포 정치가 시작된다. 1793년 12월, 공안위원회의 이름으로 보르다, 라부아지에, 라플라스, 쿨롱, 브리쏭, 드람브르 등은 오늘로 도량형위원회의 구성원으로서의 자격을 정지시킨다는 통지를 받았다.

이들 제명자 중에 콩도르세의 이름이 없는 것은, 그가 자롱드파의 일원이라 하여 이미 체포령이 내려져서 도망 중에 있었기 때문이다. 1794년 3월 8일 라부아지에가 체포되어 단두대의 이슬로 사라졌다. 이때 라그랑주는

"그의 목을 치는 것은 한순간의 노고에 불과하다. 하지만 그와 같은 두뇌를 만들려면 100년이 걸려도 충분하지 않다"

하고 한탄했다고 한다. 도망 중이던 콩도르세도 체포되어 옥중에서 독약을 마시고 자살했다.

1794년 7월 27일, 테르미도르의 반동 결과로 공포 정치가 종결되고 다시 자롱드파의 구세력이 부활했다. 1795년 4월 7일 프뤼르의 답신에 바탕하여 미터법 제도가 확립되고 측량 작업을 계속하게 되었다. 해임되었던 구위원들도(라부아지에와 콩도르세를 제외한) 모두 복직되었다. 됭케르크~로데 구강의 측량을 드람브르, 로데~바르셀로나 구간의 측량을 메셴이 담당하게 되었다. 그들은 보르다가 고안한 진자시계와 1초까지 정확하게 측정할 수 있는 측각기(測角器) 등을 사용하여 측량했다.

측량의 관측 지점으로는 교회의 높은 탑 등을 이용했으나, 그것이 없는 곳에는 새로이 종각을 세우고 광원과 렌즈를 사용한 강력한 신호등을 이용했다. 이 신호등이 도둑맞는 등 무척 고생이 많았다. 결국 이 측량 작업에는 6년의 세월이 걸렸고, 1798년 6월에야 겨우 완성되었다.

1미터의 길이가 확정되고, 백금으로 미터 원기(原器)가 만들어졌다. 1799년 12월에 이르러 겨우 미터법이 제정되었다.

세계 공통의 단위 성립

이렇게 길이의 단위가 결정되자 나머지 일들은 간단했다. 면적은 길이의 제곱, 부피는 길이의 세제곱으로 얻어진다. 질량의 단위는 순수한 물이 최대 밀도를 지니는 온도(3.98℃)에서, 단위 부피(1㎤)가 차지하고 있는 질량을 1그램으로 하게 되었다. 이 온도는 어떻게 할 것인가? 공기로 포화되어 있는 물과 얼음과의 압력 1.013250(bar) 아래서의 평형 온도를 0℃로 하고 물과 수증기와의 압력 1.013250바 아래서의 평형 온도를 10 0℃로 한다. 그렇다면 압력의 단위는 어떻게 정할 것인가? 이를 위해 먼저 시간, 속도, 가속도 등에 대해 언급해 둘 필요가 있다.

시간의 계량 단위를 초(Second)로 하고, 초는 평균 태양일(太陽日)의 86,400분의 1로 정의한다. 속도는 길이를 시간으로 나눈 것이며, 가속도는 속도를 시간으로 나눈 것, 즉 길이를 시간의 제곱으로 나눈 것이다. 또 힘은 질량에 가속도를 곱해서 얻을 수 있다. 힘의 단위인 뉴턴(N)은 '1kg의 질량의 물체에 작용하는 크기가, 매초마다 1m의 가속도를 부여하는 크기'로 정의한다. 압력의 단위 바(bar)는 '1㎠에 작용하는 1뉴턴의 힘'을 말한다.

프랑스 혁명 정부가 고심 끝에 확립한 미터법은 기나긴 고난의 길을 걸어온 뒤 1875년 5월 20일, 미터 조약이 성립되어 세계의 공인을 받았다. 현재 미터의 정의는 빛의 파장을 기초로 하고 있다.

'미터는 크립톤 86 원자의 준위 $2p_{10}$과 $5d_5$ 사이의 천이(遷移)에 대응하는 진공 하에서의 빛의 파장의 1650763.73배와 같은 길이로 한다.'

2. 새로운 혁명력을 작성

프랑스 혁명 정부는 그레고리력(曆)에 부수된 종교적, 봉건적 색채를 불식하기 위해 국민을 위한 새로운 달력의 제작을 구상했다. 국민공회는 공교육 위원장인 로무에게 새로운 달력의 입안을 위임했다. 로무는 수학자 라그랑주, 몽주, 라플라스, 화학자 라부아지에, 시인 데그랑티느 등의 협력을 얻어, 1793년 9월 20일 국민공회에 보고하였고, 9월 22일 채택되었다.

새로운 달력은 1년 전 공화국이 성립된 날(1792년 9월 22일—추분 날)로 거슬러 올라가, 이날을 혁명력(革命曆 또는 공화력) 원년 제1일로 삼기로 했다.

1년은 열두 달로 나누어지고, 각 달의 명칭은 시인 데그랑티느가 고안했다. 가을 석 달의 명칭은 모두 aire로 끝나고, 겨울의 석 달은 Ôse로, 봄의 석 달은 al로, 여름의 석 달은 or로 끝나게 되어 있다. '언어와 구성에 있어서, 또 어미의 구성에 있어서 언어의 동화적(同化的) 조화를 이용하려 한' 것이라고 말하고 있다.

가을을 형성하는 최초의 석 달은 그 어원을, 첫 달은 9월부터 10월에 이르는 포도 수확에서부터 따서 방데미에르(Vendémiaire ; 葡月, 포월, 포도의 달), 둘째 달은 10월부터 11월에 이르는 사이의 얕은 안개에서 따서 브뤼메르(Brumaire ; 霧月, 무월, 안개의 달), 또 셋째 달은 서리가 많은 추위 때문에 프리메르(Frimaire ; 霜月, 상월, 서리의 달)로 명명했다.

겨울의 석 달은, 첫째 달은 12월부터 1월까지의 땅을 하얗게 덮는 눈에서 따서 니보즈(Nivôse ; 雪月, 설월, 눈의 달)로, 둘째 달은 1월부터 2월에 걸쳐 많이 내리는 비를 따라 플리비오즈(Pluviôse ; 雨月, 우월, 비의 달)로, 셋째 달은 2월부터 3월에 걸쳐 내리는 비와 그것을 건조시키는 바람에서 따서 방토즈(Ventôse ; 風月, 풍월, 바람의 달)로 명명했다.

봄의 석 달은, 첫째 달은 3월부터 4월의 싹트는 새싹 눈으로 부터 따서 제르미날(Germinal ; 芽月, 아월, 파종의 달)로, 둘째 달은 4월부터 5월에 이르는 꽃이 한창인 때를 따서 플로레알 (Floreal ; 花月, 화월, 꽃의 달), 셋째 달은 5월부터 6월에 걸쳐 들판에 무성하게 자라는 풀에서 따서 프레리알(Prairial ; 牧月, 목월, 목장의 달)로 명명했다.

여름의 석 달은 그 어원을 첫째 달은 6월부터 7월에 걸치는 황금빛 수확에서 따서 메시도르(Messidor ; 麥月, 맥월, 수확월)로, 둘째 달은 7월부터 8월의 더위를 따서 테르미도르(Thermidor ; 熟 月, 열월, 뜨거움의 달), 셋째 달은 8월부터 9월에 걸치는 수확이 많은 과일에서 따서 프뤽티도르(Fructidor ; 實月, 실월, 열매의 달) 로 명명했다.

각각의 달은 30일로 구성하고 10일씩 세 순(旬)으로 나눈다. 1순은 제1일을 Primidi, 제2일을 Duodi, 제3일을 Troidi, 제 4일을 Quartidi, 제5일을 Quintidi, 제6일을 Sextidi, 제7일 을 Septidi, 제8일을 Octidi, 제9일을 Nonidi, 제10일을 Décadi 라고 부르고, 제10일은 휴일이다. 매월은 30일씩으로 12개월이기 때문에 1년에 5일이 남게 된다. 남은 날은 상·퀼 로트(Sans-Culotte)라고 하는 혁명 축제일을 연말에 두고 또 윤 년의 하루도 이 속에 포함시키기로 했다.

그러나 순법(旬法)은 인기가 없었기 때문에 1803년 3월 31일 다시 본래의 주(週)를 사용하게 되었다. 수학자 라플라스의 제 안에 의해 나폴레옹은 1805년 12월 31일(니보즈 10일)에 이것 을 폐지하고 그레고리력으로 환원했다. 이 라플라스는 혁명력 의 고안자 중 한 사람이기도 하다.

	[제1년] 1792	[제2년] 1793	[제3년] 1794	[제4년] 1795	[제5년] 1796	[제6년] 1797	[제7년] 1798	[제8년] 1799	[제9년] 1800	[제10년] 1801	[제11년] 1802	[제12년] 1803	[제13년] 1804	[제14년] 1805
Vendémiaire(포도월)	9.22	9.22	9.22	9.23	9.22	9.22	9.22	9.23	9.23	9.23	9.23	9.23	9.24	9.23
Brumaire(무월)	10.22	10.22	10.22	10.23	10.22	10.22	10.22	10.23	10.23	10.23	10.23	10.23	10.24	10.23
Frimaire(상월)	11.21	11.21	11.21	11.21	11.21	11.21	11.21	11.22	11.22	11.22	11.22	11.23	11.22	11.22
Nivôse(설월)	12.21	12.21	12.21	12.22	12.21	12.21	12.21	12.22	12.22	12.22	12.22	12.23	12.22	12.22
	1793	1794	1795	1796	1797	1798	1799	1800	1801	1802	1803	1804	1805	
Pluviôse(우월)	1.20	1.20	1.20	1.21	1.20	1.20	1.20	1.21	2.21	1.21	1.21	1.22	1.21	
Ventôse(풍월)	2.19	2.19	2.19	2.20	2.19	2.19	2.20	2.20	2.20	2.20	2.20	2.21	2.20	
Germinal(아월)	3.21	3.21	3.21	3.21	3.21	3.21	3.21	3.22	3.22	3.22	3.22	3.22	3.22	
Floréal(화월)	4.20	4.20	4.20	4.20	4.20	4.20	4.21	4.21	4.21	4.21	4.21	4.21	4.21	
Prairial(목월)	5.20	5.20	5.20	5.20	5.20	5.20	5.20	5.20	5.21	5.21	5.21	5.21	5.21	
Messidor(수확월)	6.19	6.19	6.19	6.19	6.19	6.19	6.19	6.20	6.20	6.20	6.20	6.20	6.20	
Thermidor(열월)	7.19	7.19	7.19	7.19	7.19	7.19	7.19	7.20	7.20	7.20	7.20	7.20	7.20	
Fructidor(실월)	8.18	8.18	8.18	8.18	8.18	8.18	8.18	8.19	8.19	8.19	8.19	8.19	8.19	
상 퀼로트의 날	9.17 ~21	9.17 ~21	9.17 ~21	9.17 ~21	9.17 ~21	9.17 ~21	9.18 ~22	9.18 ~22	9.18 ~22	9.18 ~22	9.18 ~22	9.18 ~22	9.18 ~22	

* 일자는 각 달의 제1일을 가리킴

◆ 라그랑주(1736~1813)

오일러에게 평가되어 두각을 나타내다

라그랑주는 이탈리아 북부의 도시 토리노에서 태어났다. 라그랑주가(家)는 본래 프랑스 출신으로 증조부 때 이탈리아로 건너왔다고 한다. 아버지는 많은 유산을 물려받았으나 투기 사업에 손을 대어 실패했다. 그 때문에 라그랑주는 젊은 시절부터 고생을 많이 한 듯하다. 후년에 그는 이를 회상하여 "만일 재산을 상속하고 있었더라면 아마도 나는 수학에 자신의 운명을 걸지는 않았을 것이다"라고 말하고 있다.

학생 시절, 처음에 흥미를 가졌던 것은 고전(古典)이었다. 그러나 고전을 공부하다가 유클리드와 아르키메데스의 기하학상의 업적을 알았는데 그때는 별로 관심이 없었다. 그러다가 그리스인의 기하학보다는 미적분이 더 훌륭하다는 것을 제시한 핼리의 논문을 읽고 나서 미적분에 흥미를 갖기 시작했다고 하는데, 놀랄 만큼 짧은 기간에 근대 해석학을 독학으로 터득했다. 16살 때에는 이미 수학의 재능을 나타내어 토리노에서 유명해져 있었다.

19살이라는 젊은 나이로 토리노 왕립포병학교의 수학 선생이 되었는데, 너무 나이가 젊어 도리어 학생들의 나이가 더 많았다. 그 무렵 베를린에 있던 수학자 오일러에게 몇 편의 논문을 보냈다. 오일러는 이 논문들의 가치를 인정하고 연구를 계속하라고 격려해 주었다.

이에 의욕을 돋운 라그랑주는 학생들과 수학 간담회를 열어 정기적으로 회합을 가졌다. 그리고 거기서 연구 성과를 발표하

는 잡지 『간담회 잡지』를 만들었는데
1759년에 창간호를 발간했다. 이 간
담회는 후에 토리노 과학아카데미로
발전하고, 『간담회 잡지』는 『토리노
잡보(雜報)』라는 공식 명칭으로 불리게
되었다.

라그랑주(1736~1813)

라그랑주가 등주문제(等周問題 : 주위
가 일정한 평면 곡선 중, 면적이 최대인
것은 원이라는 것을 밝히는 문제. 이 문
제의 기원은 그리스까지 거슬러 올라간다)를 고찰하는 방법을 오일
러에게 보냈을 때, 오일러는 '이 방법을 사용하면 내가 오랫동
안 시달려왔던 등주문제를 해결할 수 있다'는 회답을 보내오면
서 '군에게 주어져야 하는 영광을 빼앗는 일이 없도록' 라그랑
주보다 먼저 논문을 발표하는 일을 삼갔다고 한다. 오일러는
1759년 10월 20일 23살의 젊은 라그랑주를 베를린 과학아카
데미의 외국인 회원으로 선출하였다.

파리 과학아카데미는 '달은 지구에 대해 언제나 같은 면밖에
보이지 않는데 그것은 어째서냐?'고 하는 공개 문제를 내놓았
다. 라그랑주는 지구와 태양과 달의 상호 인력에 관한 삼체(三
體) 문제로 이것을 연구하여 1764년 「달의 평동(秤動)에 대하
여」를 발표하여 달랑베르의 칭찬을 받았고, 파리 과학아카데미
의 최고상을 수상했다. 또 1766년에는 태양과 목성과 네 개의
위성에 관한 육체(六體) 문제에도 도전하여 파리 과학아카데미
의 최고상을 수상했다.

1766년 오일러가 베를린 과학아카데미로부터 페테르부르크

과학아카데미로 옮겨간 후, 달랑베르의 추천에 의해 그 후임자로서 30살의 젊은 나이로 베를린 과학아카데미의 회장으로 취임했다. 프로이센의 프리드리히 대왕은 조용한 성품에다 남의 이야기를 듣기 좋아하는 라그랑주를 위해 특히 기뻐했다고 한다. "나의 아카데미에서 애꾸눈 수학자를, 온전한 두 눈을 가진 수학자로 바꿔놓을 수 있었던 것은 전적으로 당신의 노고와 추천에 의한 덕분입니다"하고 프리드리히 대왕은 달랑베르에게 감사하고 있다.

(베를린 시절의 오일러는 오른쪽 눈의 시력을 상실하여, 가엾게도 프리드리히 대왕으로부터 '애꾸눈 수학자'라고 불리고 있었다. 실은 페테르부르크로 옮겨간 뒤, 오일러는 왼쪽 눈의 시력도 쇠퇴하기 시작하여 얼마 후에 완전히 실명했지만, 수학 상의 일은 척척 잘 해내고 있었기 때문에 프리드리히 대왕으로부터 핀잔을 들을 만한 일이라고는 아무 것도 없었다.)

수학을 야심의 대상으로가 아니라 오락의 대상으로 간주

라그랑주는 베를린에 도착한 지 얼마 지나지 않아, 토리노에 있는 사촌 누이동생과 결혼했다. 라그랑주가 결혼을 했다는 소문을 들은 달랑베르는 그를 놀려대면서 편지를 썼다.

'위대한 수학자는 무엇보다도 자신의 행복을 계산할 수 있어야 합니다. 당신은 틀림없이 그런 계산을 해 보고서 결혼이 답이라는 걸 발견했으리라고 생각합니다.'

이렇게 말한 달랑베르 자신은 평생을 독신으로 지냈다. 달랑베르의 놀림을 고지식하게 받아들인 라그랑주는 다음과 같이 회답하고 있다.

'제 계산이 옳은지 틀렸는지는 알 수가 없습니다. 아니, 계산 따
위는 하지 않았다고 생각합니다. 왜냐하면 그런 계산을 하고 있다가
는 라이프니츠처럼 지나치게 생각하여 결심을 할 수 없었을 것입니
다. 고백하지만 나는 결혼을 하고 싶다고 생각한 적은 한 번도 없
습니다. 그러나 여러 가지 사정으로 친척의 딸과 결혼하여 내 신변
을 돌봐 주게 한 것입니다.'

결혼하지 않을 수 없는 '여러 가지 사정'이 있었던 것 같다.
그러나 그의 결혼 생활은 행복했다. 그런데 얼마 안 가서 병이
잦던 아내가 만성병에 걸려 자리에 눕게 되자, 라그랑주는 침
식을 잊고 간병했으나 아내가 세상을 떠나서 비탄에 잠겼다.

고독의 쓸쓸함에서 벗어나기 위해 그는 연구에 몰두했다. '나
는 강제되지도 않았고 의무라기보다는 차라리 내 자신의 즐거
움을 위해 일하기 때문에, 마치 건축을 좋아하는 영주와 같습
니다'하고 달랑베르에게 편지를 쓰고 있다. 또 라플라스에게는
'나는 언제나 수학을 야심의 대상으로보다는 오히려 오락의 대
상으로 보아 왔습니다. 그리고 나는 언제나 만족스럽지 못한
자기 자신의 일보다는 남이 하는 일을 보면서 즐겨왔다고 단언
할 수 있습니다'라고 쓰고 있다. 베를린에 머물러 있던 20년
동안, 베를린, 파리, 토리노의 각 아카데미 기요(紀要)에 논문을
실었다. 논문의 수는 150편을 밑돌지 않을 것이라고 한다.

1786년 8월 17일, 프리드리히 대왕이 죽고, 대왕의 비호를
받을 수 없게 된 외국인 학자 라그랑주에게 있어서 베를린은
결코 살기 좋은 곳이 아니었다. 그때 루이 16세로부터 파리 아
카데미로 오라는 권유가 있어 기꺼이 파리로 옮겨갔다. 루브르

궁전 안에 쾌적한 주거가 제공되었고, 특히 왕비 앙투아네트에게 총애를 받았는데, 공적인 장소에서는 언제나 왕비가 곁에 있을 정도였다.

그러나 이 무렵에는 수학에 대한 흥미를 완전히 잃고, 화학자 라부아지에의 영향을 받아 화학에 관심을 갖고 있었다. 수학은 이미 완성 영역에 도달했고, 이제부터는 쇠망 시대로 접어드는 데 반해 화학은 앞으로 발전하는 새로운 학문이라고 그는 감지하고 있었던 것이다.

1788년 라그랑주의 대저 『해석역학』(전 5권)이 출판되었다. 이것은 베를린에 있을 때 완성한 것으로 르장드르가 편집하여 발행해 준 것이다. 그런데도 당사자인 라그랑주는 책이 발행되었을 때는 이미 수학에 대한 흥미를 완전히 잃고 있었기 때문에 자신의 저서인 『해석역학』이 2년 동안이나 책상 위에서 펼쳐 보지도 않은 채 버려져 있었다.

이 책의 서문에는 '이 작품에는 그림이 하나도 없다'고 쓰여 있는데, 이것은 현대 수학의 특징을 여실히 나타내고 있다. 반면 '역학을 4차원 공간의 기하학이라고 생각해도 좋다'고 말하고 있는 것은 추상적이지만 해석하기에 따라서는 응용의 길도 있다는 것을 시사하고 있다. 즉, 3차원의 공간 좌표에 시간 좌표를 보탠 4차원 공간으로서 운동을 기술할 수 있다고 하는 아인슈타인의 생각을 앞서 간 것이라고도 할 수 있다.

당시의 라그랑주의 상태를 드람브르는 다음과 같이 묘사하고 있다.

"말을 걸면 천근하게 대답은 하지만 자신이 먼저 말을 걸어오는 일은 없었다. 언제나 사색에 잠겨 있었고, 우울하게 보였다. 라그랑주가 초대한 회합에는 라부아지에 부인이 매주 개최하는 살롱에 모이는 국내 명사들의 얼굴도 보였다. 그러나 그는 그런 때에도 남의 눈에 띄지 않는 창가에 서서 사색에 잠겨 있는 일이 흔히 있었다. 주위의 사람들과도 친밀하게 사귀려 들지 않는 듯한 태도였다. 이미 정열이 식었다. 수학 연구에도 의욕이 없어졌다."

라고 말하고 있다.

혁명에는 항상 거리를 두고 있었다

드람브르의 문장에서 짐작할 수 있듯이, 라그랑주는 심리적인 마음의 병, 즉 우울증에 빠져드는 일이 자주 있었다. 그러나 프랑스 대혁명은 라그랑주의 무감동성에 하나의 자극을 주었던 것 같다. 혁명이 한창이던 때, 외국인 라그랑주에게 불어닥친 바람은 결코 나쁘지는 않았다. 라그랑주는 혁명 정부의 발명위원회와 통화관리위원회, 조폐위원회 등의 위원으로 각각 위촉되어 있었다. 특히 도량형 제정에 관한 위원회에서는 위원장으로 추대되어 미터법 제정에 관하여 큰 발자취를 남기고 있다.

혁명기의 라그랑주의 연구 생활은 왕후(王侯)의 보호 아래 지탱되고 있었으나 그는 결코 왕당파는 아니었다. 그러나 혁명에 적극적으로 참가할 만한 정열도 없었다. 그러던 중 혁명 전에 특권 계급에 속했던 사람들에 대한 비난이 높아짐에 따라, 마리 앙투아네트에게 그토록 총애를 받았던 자신에게도 반발이 거세어지는 것이 아닐까 하는 오뇌로 나날을 보내고 있었다.

그럴 때 라그랑주의 마음을 위로해 준 사람이 천문학자 르모니에의 딸이었다. 그때 라그랑주는 56살의 노인이었고, 32살이나 연하인 아가씨와 결혼하리라고는 생각조차 할 수 없었는데,

헌신적인 그녀의 모습에 끌리어 1792년에 결혼했다. 그녀는 남편을 바깥으로 데리고 나가, 살고자 하는 의욕을 갖도록 용기를 북돋웠다. 라그랑주는 그때까지는 출석조차 하지 않던 무도회에도 아내와 함께 출석했다고 한다.

이렇게 한창 행복한 가운데서도 혁명은 진행되었고, 1793년 공직 추방령이 선포되고, 왕정 시대에 공직에 있었던 사람들의 태반이 그 직위에서 추방되었다. 도량형위원회의 라부아지에, 라플라스, 드람브르 등 주요 멤버가 추방되어 도량형위원회는 괴멸 상태에 빠졌다. 그러나 라그랑주는 위원장으로서 유임하도록 요청되었다. "어째서 내가 추방을 면하게 되었는지 알 수 없는 일이군" 하고 그 자신도 고개를 갸우뚱거렸다고 하는데, 그의 입장을 구해준 것은 그의 학문적 명성과 침묵이었을 것이라고 말하고 있다. 그러나 '혁명에는 학자가 필요하지 않다'고 하여 단두대에 세워진 친구 라부아지에의 죽음을 그는 몹시 슬퍼하고 있었다.

혁명 정부는 과학 기술자의 양성학교인 에콜 폴리테크닉 및 교원 양성학교인 에콜 노르말을 설립하고, 라그랑주를 그들 학교의 교수로 임명했으며, 특히 에콜 폴리테크닉의 초대 교장이 되었다. 그 무렵부터 그는 다시 수학에 정열을 쏟게 되어, 학생들에게 명강의를 하는 동시에 1797년에는 『해석함수론(解析函數論)』을 저술하기도 했다. 이 논문은 무한소(無限小) 개념의 애매성을 제거하고 대수적 연산만으로 해석학을 구성하려고 의도한 것이었다.

나폴레옹은 격무 중 짬짬이 자주 라그랑주와의 환담을 즐겼다고 한다. 라그랑주가 항상 심사숙고한 다음에야 말을 하고,

결코 독단에 치우치지 않도록 조심하는 태도에 대해 나폴레옹이 깊은 존경심을 품고 있었기 때문이라고 한다. 나폴레옹은 황제가 되자 라그랑주를 원로원 의원으로 임명하고 백작의 작위를 수여했다.

70살을 지나고부터 『해석역학』의 제2판 개정과 증보에 온 힘을 쏟았다. 옛날처럼 쉬지 않고 일한 결과 뇌졸중이 발작하여 책상 모서리에 머리를 부딪쳐 다치는 일도 있었다. 라그랑주가 죽기 이틀 전, 몽주 등이 문병을 갔을 때 그는 다음과 같이 말했다고 한다.

"죽는다는 건 곧 육체가 아무 것에도 시달리지 않고 휴양한다는 것입니다. 나는 죽고 싶어요. 평안해질 겁니다. 그러나 아내는 죽지 말라고 하지요……. 나는 인생을 다했습니다. 수학에서는 다소 알려지기도 했습니다. 아무도 날 미워할 일도 없고, 남의 원한을 살만한 일도 하지 않았어요. 그러므로 나의 인생은 끝나야 하는 겁니다. 하지만 아내는 그걸 바라지 않습니다."

라그랑주는 76살에 조용히 생애를 마쳤다.

* * * * *

라그랑주는 구체제 시대의 프랑스 황실, 특히 마리 앙투아네트에게 중용되었다. 혁명이 발발한 후 혁명에 적극적으로 참가하지는 않았으나 혁명 정부와 나폴레옹으로부터 항상 중용되어 왔다. 모든 일에 신중하고 조심성이 깊었던 것이 이 격동 시대를 행복하게 보낼 수 있게 한 이유였다고 생각된다.

◆ 르장드르(1752~1833)

순수 수학에도 응용 수학에도 공헌

르장드르는 파리에서 출생했다고도 하고, 스페인 국경의 피레네 산맥 지방의 소읍 툴루즈에서 태어났다고도 한다. 파리의 신학교에서 수학과 과학 등을 공부했다. 신부의 지도를 받았는데, 그 신부가 지은 『역학개론』 속에 르장드르의 업적이라 하여 보고된 것이 있다. 그것이 르장드르가 수학계로 등장하는 계기가 되었다. 달랑베르의 주선으로 1775년 파리 육군사관학교의 수학 강사가 되었다.

베를린 과학아카데미가 공개 모집한 '공기의 저항을 고려했을 때, 총알이나 포탄은 어떤 경로를 그리느냐?'와 '초속도(初速度)를 바꾸거나 발사 각도를 바꾸면 착탄 거리가 바뀌는데, 그것을 알기 위한 법칙을 어떻게 설정하느냐?'라고 하는 문제에 응모하기 위해, 1780년 육군사관학교를 사직하고 연구에만 전념했다. 그 노력의 결과, 완성한 것이 「저항을 가진 어떤 매질 내에서의 포물체 내에서의 포물체의 경로에 관한 연구」이다. 르장드르는 저항의 매체를 공기라고만 한정하지 않고, 일반화하여 설명하고 있는데, 1782년 베를린 과학아카데미상을 수상했다. 1783년 「타원체의 인력에 관한 연구」를 파리 과학아카데미에 제출하였다. 달랑베르와 라플라스가 심사원을 맡았는데, 심사에 시간이 걸려서 2년 후에야 발표되었다. 라플라스는 '이 정리(定理)는 매우 흥미진진한 것이다. 이것은 타원체의 인력의 이론을 개척하는 새로운 방법이다. 게다가 이 논문에 나타난 해석학은 매우 심오한 것으로 저자가 뛰어난 재능을 가졌다는

것을 가리키고 있다'라고 보고하고
있다. 1783년 파리 과학아카데미회
원으로 선출되었다.

1787년 파리 천문대와 그리니치
천문대가 공동 연구로 설립한 측지
위원회의 위원으로 임명되었다. 르장
드르는 날마다 하는 관측에도 직접
참가하여 결과 계산까지 자신이 했
다. 그 계산도 종전의 방법을 답습하

르장드르(1752~1833)

는 것이 아니라, 새로운 방법으로 고안된 것이었다.

그 새로운 방법은 「지구의 형성에 따라 달라지는 삼각 측량
에 관한 논문」으로 1789년 파리 과학아카데미에 보고되었다.
종전의 삼각 측량에서는 삼각형의 면을 평면으로 생각하고 있
었는데, 르장드르는 구면 삼각형이라고 했기 때문에 보다 정밀
한 결과를 얻게 되었다. 이 논문 가운데서 구면 위의 두 점을
맺는 최단 곡선을 측지선(測地線)으로 명명하고 있다. 르장드르
의 이 새로운 방법 때문에 런던왕립협회는 르장드르를 회원으
로 선출했다. 이같이 실제 문제에 열중하고 있는 한편 순수 수
학에 대해서도 「편미분 방정식 적분법」을 발표했다.

혁명에는 적극적으로 참가하지 않고 고고함을 유지

1789년 프랑스 혁명이 일어난 당초 그는 혁명을 환영하고
있었으나 사상적으로는 색채를 지니지 않고, 되도록 중립을 지
키려고 생각하고 있었다. 그런 생각을 하고 있었는데도 불구하
고, 혹은 그 때문인지도 모르지만 혁명 정부의 도량형위원회의

위원으로는 선출되지 않았다. 공포 정치가 시행되고 피 비린내
나는 사건이 속출하는 것을 보고 르장드르는 파리 뒷거리에 있
는 초라한 동네로 몸을 숨겼다. 이 도피 생활 중에 젊은 여성
을 알게 되어 결혼했다. 부인의 격려를 받으면서 도피 생활 중
에 완성한 것이 「타원적 초한(超限)」이라는 논문이다.

혁명 정부가 에콜 폴리테크닉과 에콜 노르말을 설립했을 때
도 르장드르의 이름은 교수 명단에 포함되어 있지 않았다. 도
량형 제정위원의 한 사람이었던 드람브르가 '자오선 측정을 잘
해낼 수 있었던 것은 르장드르가 개발한 삼각 측량법의 덕택인
데도, 그를 도량형위원에 포함시키지 않았다는 것은 유감이다'
하고 항의했기 때문인지, 새로 설립된 국립 학사원의 회원 중
에는 르장드르의 이름이 끼어 있었다.

또 에콜 폴리테크닉의 졸업 시험 위원으로도 임명되었다. 불
충분하지만 혁명 정부로부터 평가를 받게 된 것이다. 1812년
에는 경도(經度)연구소의 소장으로 임명되었다. 그러나 왕정이
복고된 샤를르 10세 시대인 1824년 학사원 회원을 보충할 때
정부가 천거한 학자를 거부했기 때문에 연금 지급이 끊어져 버
렸다. 그는 그런 일에 꺾이지 않고 오직 연구에게만 몰두했다.

라그랑주와 마찬가지로 그도 혁명에는 적극적으로 참가하지
않았다. 그러나 라그랑주와 비교할 때 그는 항상 찬밥 신세를
면치 못했다. 르장드르는 그래도 굽히지 않고 연구에 전념하여
그의 고고함을 지켜나간 수학자였다고 할 수 있다.

◆ 보르다(1733~1799)와 쿨롱(1736~1806)

정밀도가 높은 계측 장치를 개발한 보르다

보르다는 메제르 공병학교를 졸업한 후 해군의 기술자가 되어 과학 탐험 여행에 참가하기도 하고, 미국 독립 전쟁에 종군하기도 했다. 유체역학(流體力學) 연구로부터 선박과 대포의 설계에까지 관계하였다.

그러나 그의 과학 기술상의 최대 업적은 그전까지의 장치와 비교하여 매우 정밀도가 높은 계측 장치를 개발한 일이다. 그 중에서도 정밀한 중량계(重量計)의 발명이 유명한데, 그 후 화학의 발전에 크게 공헌했다. 보르다가 개발한 계측기는 정밀할 뿐만 아니라, 휴대용이라는 점에 특색이 있다. 따라서 미터법 제정을 위해 드람브르와 메셴이 한 자오선 측량에 보르다의 계기는 없어서는 안 될 무기였다.

보르다는 처음부터 도량형 제정위원으로서 계획에 참가했고, 실시 단계에서는 쿨롱과 더불어 1초진자의 길이 측정을 담당했다. 그때 물리학 교과서에서 볼 수 있는 '보르다의 흔들이'를 구상했다. 이 구상을 도입한 정밀한 진자시계 등은 미터법 제정에 큰 역할을 했다.

그런데 후에 복직되기는 하지만, 공포 정치 시대에는 도량형 제정위원의 직무에서 한때 해직당하기도 했다. 보르다의 수학적 업적으로 「투표에 의한 선거에 대하여」라는 고찰이 있다.

쿨롱도 같은 메제르 공병학교에서 역학 이론과 기술을 습득했다. 졸업 후에는 요새, 운하, 항만 등의 건설을 지휘했다. 튀르고의 개혁에는 공병대의 개혁에도 손을 대었다.

120

쿨롱(1736~1806)

교량 건설 기술의 연구로부터 마찰과 유체의 연구로 나아가, 그 연구 성과를 응용하여 비틀림 저울을 발명했다. 이 비틀림 저울을 이용하여 같은 부호의 전하(電荷)를 갖는 물체 간의 척력 및 부호가 다른 전하를 갖는 물체 간의 인력이 거리의 제곱에 반비례한다는 것을 확인했다. 이것이 '쿨롱의 법칙'이다.

혁명이 일어나자 그는 꽤 많은 재산을 몰수당했지만, 혁명 정부의 도량형 위원으로서 보르다와 함께 협력했다. 그러나 공포 정치 시대에 추방되어 지방에 틀어박혀 조용히 연구를 계속하고 있었다. 공포 정치가 끝나고 국립 학사원이 설립되자 그 회원으로 선출되어 활약했다.

〈쿨롱의 법칙〉

균일한 매질 내에 정지해 있는 두 전하 사이에 작용하는 힘에 관한 법칙이다. 같은 부호의 전하는 서로 반발하고, 다른 부호의 전하는 서로 끌어당기는데, 그 힘은 쌍방을 연결하는 선의 방향으로 작용하고, 그 크기 F는 쌍방의 전기량 q_1과 q_2의 곱에 비례하며, 거리 r의 제곱에 반비례 한다.

$$F = \alpha \frac{q_1 q_2}{r^2}$$

단, α는 단위를 취하는 방법 및 매질에 따라 결정되는 상수다. 이것은 만유인력의 법칙과 같은 형태를 취하고 있으며, 두 자극 사이에도 같은 법칙이 성립한다.

◆ 드람브르(1765~1843)와 메셴(1744~1804)

드람브르는 파리 북부의 아미앵 마을 에서 태어나 거기에서 학생 시절을 보 냈다. 학생 시절에는 고전 문학을 공부 했으나 서른 살이 지날 무렵부터 천문 학, 기하학을 공부했다. 천왕성(天王星) 의 운행표를 작성하여 파리 과학아카데 미상을 받았고, 과학아카데미의 회원으 로 선출되었다.

드람브르(1765~1843)

그 이후 프랑스에서 지도적인 천문학자 중의 한 사람으로 알 려지게 되고, 그의 천문학사(天文學史)에 관한 저술은 지금도 권 위가 있는 것으로 간주되고 있다.

1791년 3월, 드람브르와 메셴은 됭케르크부터 바르셀로나까 지의 삼각 측량을 의뢰받았다. 드람브르 등은 혁명에 눈을 돌 릴 여유조차 없이 오로지 측량 작업에만 몰두하고 있었으나 작 업은 지지부진하여 도무지 진척이 안 되었다. 드람브르의 측량 작업이 최성기에 다다랐을 때, 그는 국민공회의 공교육위원회 로부터 한 통의 통지를 받았다. 거기에는 공화력 3년 니보즈 (Nivose ; 雪月) 제3일(1793년 12월 23일)의 날짜가 적혀 있었다.

'공안위원회는 국민의 의식 향상에 대한 공헌도를 고려하여, 공화 정부에 충성을 서약하고 왕정을 증오하는 신뢰할 만한 인물에 대해 서만 직무를 맡기기로 했다. 공교육위원회와 협의에 의해 보르다, 라부아지에, 라플라스, 쿨롱, 드람브르는 오늘로 도량형위원회의 구 성원의 자격을 정지한다. 또 도량형위원회의 작업을 계속하기 위해

됭케르크로부터 바르셀로나까지 측량

필요 불가결한 인물이라고 인정되는 사람에게 대해서는 도량형위원회에 유임하도록 따로 통보했다.'

이 통지는 드람브르에게는 전혀 예상하지 못한 날벼락이었다. 후에 드람브르는 이 일을 다음과 같이 기록하였다.

'이 내용은 터무니없는 구실임이 명백했다. 이토록 험한 시대에 자오선 측량이라고 하는 곤란한 사업을 맡겨 놓고서, 내가 종각과 신호등을 내버려 둔 채 공화국에 대한 충성과 왕정을 증오한다는 것을 집회소에 나가 과시해 보이지 않았다고 하여 이런 처사를 하다니⋯⋯. 설사 측량 결과가 나오기까지는 장기간을 요한다고 호소하며 돌아다녀 봤자, 측량 사업이 빨라지지는 않았을 텐데⋯⋯.'

다시 정변이 일어나 1795년 4월 7일, 해직되었던 도량형 위원으로 복직했다. 됭케르크와 로데 구간의 측량을 드람브르와 네 사람의 조수가 담당하고, 로데와 바르셀로나 구간은 메셴과

여섯 사람의 조수가 담당했다.

측량에 관한 일반인의 지식이 없는데다, 군사 목적을 위한 작업이라는 오해를 받아 작업은 갖가지 방해를 받았던 것 같다. 1798년 6월에야 겨우 측량이 완성되었다. 드람브르는 다음과 같이 회상하고 있다.

"프랑스 혁명에 대해서 기억하고 있는 온갖 훌륭한 계획 중에서, 우리는 이 자오선의 측량 계획을 희생시키지 않아도 되었다. 만일 이 위대한 새 도량형 제도가 어떠한 지장을 받았더라면 무기력과 나태가 항상 유익한 개혁을 포기시켜 버리듯이, 이 제도는 완전히 매장되어 버렸을 것이다."

메셴은 파리 동북부의 리옹 마을에서 태어나 가정교사를 하면서 측량술과 천문학을 공부했다. 훌륭한 업적을 올렸기 때문에, 마침내 파리 과학아카데미의 회원으로 선출되었다.

그중에서도 유명한 업적은 미터법을 제정하기 위한 실지 측량에 드람브르와 한 조가 되어 참가한 일일 것이다.

메셴이 분담한 로데와 바르셀로나 구간은 산악 지대가 많은 데다 스페인의 영토와 걸쳐 있기 때문에 고생이 끊이지 않았다. 당시 프랑스와 스페인 사이는 관계가 좋지 않았기 때문에 정부의 증명서를 갖고 있었는데도 스파이로 오인되어 구속되거나, 통행권을 박탈당하기도 했다. 또 일반인들은 측량에 대한 지식과 이해가 없었기 때문에 측량용으

메셴
(1744~1804)

로 세워 놓은 표지를 도둑맞아 외진 장소에 몇 차례나 다시 표지를 세워 가면서 측량을 계속했다. 메셴 자신도 부상을 입는 등 고생 끝에 1798년 6월에야 일단 측량 결과를 보고할 수 있었다.

그 측량 결과를 기초로 1m의 길이가 확정된 후에, 메셴은 바르셀로나의 위도에 3초의 오차가 있다는 것을 발견했다.

이 오차 때문에 학자로서의 자신의 명성이 추락되는 것을 두려워하여 이를 감추기 위해 바르셀로나를 통과하는 자오선을 연장시키려고 계획하여 그 계획을 실행하던 중에 황열병에 걸려 일생을 마쳤다.

6장
혁명전쟁의 추진과 수학자

혁명전쟁을 추진하기 위해 과학자들이 기울인 노력은 결코 과소평가해서는 안 된다. 대포를 주조하거나 화약을 만들기 위해 과학자들은 자신의 두뇌를 제공했다. 한편 수학자 카르노는 군인으로서 전쟁을 지휘하여 프랑스를 승리로 이끌었다.

1. 내우냐, 외환이냐

구 귀족과 근린 제국의 간섭

프랑스 혁명이 시작된 지 3~4일 후, 루이 16세의 막내 동생 아르토아 백작(후의 샤를 10세)은 형에게 '석 달쯤 후에는 프랑스로 돌아오겠다'고 약속하고 망명했다. 그러나 여러 나라에 흩어져 있던 프랑스의 망명 귀족들이 결집된 귀족군의 본진을 독일의 코블렌츠에 둘 수 있게 된 것은 1791년에 들어와서의 일이었다.

그동안 루이 16세도 스페인 왕, 사르디니아 왕, 오스트리아 황제에게 곤란한 처지를 호소하며 원조를 요청하고 있었다. 특히 오스트리아 황제 요셉 2세와 그 뒤를 이은 레오폴드 2세는 모두 왕비 마리 앙투아네트의 오빠였기 때문에 그들에게 큰 기대를 걸고 있었다. 하지만 오스트리아는 터키와의 전쟁에 힘을 쏟고 있었기 때문에 프랑스의 혁명에 대해 방관적인 입장을 취하거나, 혁명이 강적 프랑스의 국력을 약화시켜 주기를 기대하며 속으로는 은근히 혁명을 환영하고 있었다.

그런데 혁명이 진행되면서 자유, 평등, 박애를 구가하는 인권선언이 나오게 되자, 그들 나라에서도 동조적인 기운이 밀물처럼 밀어닥쳐, 반봉건적인 운동이 싹트기 시작했다. 특히 프랑스 남동부의 아비뇽과 동부의 알자스가 신생 자유주의국 프랑스와 병합을 희망하는 사태가 발생하여 근린 제국의 군주들을 당황하게 만들었다. 인민은 자유를 바라고 있다. 이런 위험한 사상을 미연에 억누르기 위해서도 프랑스 혁명 정부를 타도할 필요가 있다고 생각하기 시작한 것이다.

1791년 8월 21일, 오스트리아 황제 레오폴드 2세는 프로이센 국왕과 피르니츠에서 회견하고, '두 나라는 상호 의견의 일치를 보아, 필요한 무력으로 민첩하게 행동할 준비가 되어 있다'고 하는 피르니츠 선언을 발표했다. 이 선언은 다른 여러 군주가 양국과 협력할 경우라는 조건부로, 전적으로 위협적인 성격의 것이었다. 즉, 행동으로 옮겨질 만한 성질의 것은 아니었다. 그러나 망명 귀족군은 이것이 혁명에 대한 유럽 연합을 공식적으로 선언한 것이라고 하여 전쟁을 선동하는 재료로 삼았다. 한편 프랑스 국내에서도 이 선언을 즉각적인 무력간섭의 통고로 받아들였고, 의회에서는 열강에 의한 무력간섭에 대한 대책을 토의하기 시작했다.

국왕과 왕비는 외부의 망명 귀족과도 연락을 취하면서 외국에 의한 무력간섭에 의해 혁명 정부를 분쇄하고, 본래의 절대왕정을 부활시키려고 활발하게 획책하고 있었다. 이것은 양면 외교인 셈이었다. 망령 귀족의 모임을 허가하고 있는 여러 나라에 대해서 표면상으로는 망명 귀족을 해산시키지 않는 한 '귀국을 적으로 간주할 수밖에 없다'고 통고해 놓고서도, 뒤로는 '최후통첩이 거부되기를 바라고 있다'는 것을 알려 주고 있었다. 국왕은 프랑스를 전쟁으로 몰아넣고, 그 전쟁에 패배함으로써 자신에게 권력이 되돌아오기를 기대하고 있었다.

브릿소를 중심으로 하는 지롱드파는 국내 정책과 대외 정책의 양면에서 전쟁에 돌입하려고 꾀했다. 국내 면에서는 전쟁이 국왕의 정체를 폭로하여 왕권을 박탈하고, 국민의 권리를 강화시켜 줄 것으로 생각하고 있었다. 또 민중은 망명 귀족을 보호하고 있는 여러 외국에 대해 적의를 품고 있으므로, 곤란한 국내의 여러 가지 문제들로부터 민중의 눈을 돌리게 하여 공통의 적에 대항하는 것이 민의를 결집시키고 혁명을 완성시키게 하는 것이라고 생각했다. 대외적인 면에서는 계책을 꾸미고 있는 망명 귀족의 숨통을 끊어 버리고, 구체제의 상징인 오스트리아 황제를 분쇄하여 그 압제 하에서 신음하고 있는 피압박 국민을 해방시켜 주기 위한 전쟁으로 생각하고 있었다. 브릿소는 '새로운 십자군을 일으킬 때가 왔다. 그것은 보편적인 자유를 위한 십자군이다'라고 말하였다.

오스트리아와의 개전

1791년 시점에서 혁명을 종결시키려던 페이양파와 그 휘하 장관들은 궁정과 의회의 호전적인 정책에 반대하고 있었다. 그러나 반전 운동의 두목은 로베스피에르였다. 그는 궁정이 진정으로 전쟁을 제안하고 있는 것이 아니라는 것을 간파하고 있었다. 의원이 아니었던 로베스피에르는 자코뱅 클럽에서 전쟁은 망명 귀족, 궁정과 라파예트파가 바라는 것이라는 점과 악의 본거지는 망명 귀족의 본거지인 코블렌츠에만 있는 것이 아니라는 것 등을 역설했다.

로베스피에르는 국외의 귀족들을 분쇄하기 전에 먼저 국내에서 반혁명을 지도하고 있는 귀족들을 항복시켜야 한다고 말하고, 다른 국민들에게 혁명을 전파하기 전에 프랑스 국내에서의 혁명을 완성시켜야 한다고 역설하였다. 귀족 사관들이 망명해 버린 군대는 거덜 난 껍데기 집단이며, 부대에는 무기도 장비도 없으며, 요새에는 탄약조차 없지 않느냐, 이것으로 전쟁에 이길 수가 있겠느냐고 말하였다. 또 만일 승리했을 경우에는 야심만만한 한 장군의 공격 하에 자유가 몰락의 위험에 빠질 것이 틀림없다면서 나폴레옹의 출현을 예고하고 있기도 했다.

전쟁으로 돌입하려는 지롱드파가 정권을 장학한 지 40일 후인 1792년 4월 20일, 프랑스는 오스트리아에 대해 선전 포고를 했다. 선전 포고에는 콩도르세가 만든 글이 첨부되어 있다.

'프랑스 국민은 외국 군주의 적대적인 준비의 포기를 요구하며, 또한 그것을 거절하는 것을 전쟁 선언으로 간주할 권리를 갖고 있다. 그리고 이 같은 일이 국민의회의 행동을 지도하는 원칙이다. 국민의회는 아직도 평화를 계속 요구하고 있지만, 그러나 자유에 대해 위험한 수단을 지속시키기보다는 전쟁을 택하는 편이 낫다고 생각하고 있다.'

또 '프랑스 국민의 적은 봉건 군주이지 그 압제 하에 신음하고 있는 인민이 아니다'라고 말하고 있다. 이 선전 포고는 오스트리아에 대해서 이루어진 것이지만 망명 귀족들에게 원조와 격려를 보내는 모든 봉건 군주들은 '우리의 적'이라고 간주하였다. 선전 포고가 되었을 때 로베스피에르는 어떤 입장을 취했을까?

'선전 포고된 이상, 내가 여러 번 제의했듯이 이미 궁정과 궁정이 부리는 음모가들과의 전쟁이 아니며, 인민의 전쟁을 해야 하며, 또 프랑스 인민은 총궐기하여 무장하지 않으면 안 된다—외적을 격파하기 위해서나 또 내부의 전제주의를 감시하기 위해서라도'

전쟁에 돌입하면서 프랑스군의 패전이 계속되었다. 10만여의 프랑스군을 지휘하는 장군들은 본래 귀족 출신으로 혁명을 위해 진심으로 싸울 생각이 없었다. 오히려 궁정과 내통하여 혁명의 전복을 기대하고 있었다. 마리 앙투아네트는 이들 장군으로부터 입수한 작전 계획을 적에게 건네주고 있었다. 선전 포고로부터 한 달 가까이 지날 무렵 장군들은 '공격이 불가능하다'는 것을 선언했다. 이것은 궁정과 장군들에게는 예정된 행동이었다.

이 같은 장군들의 태도, 장군들과 궁정의 음모가 폭로됨에 따라서 국민은 충격을 받는 동시 심한 분노를 느꼈다. 오스트리아군과 동맹한 프로이센군이 라인 지방에 집결하고 프랑스 국경으로 접근했다는 보고가 들어온 7월 11일, '조국은 위기에 처했다!'는 비상사태가 선언되었다. 전국의 국민방위병이 소집되고, 일반 시민도 이에 참가가 허용되면서 연맹병(聯盟兵)이 조직되었다. 전국 각지로부터 연맹병들이 파리로 모여들었다. 브르타뉴, 마르세유로부터 대열을 만들고 파리로 모여들었다. 마르세유의 연맹병들은 '아 마르세예즈'를 합창하면서 파리에 도착했다. 이 노래는 후에 프랑스 국가가 되었다.

8월 1일, 오스트리아와 프로이센 연합군의 사령관 브라운슈바이크 공(公)은 다음과 같은 협박 선언을 발표했다.

'왕실에 대해 조금이라도 위해를 가한다면 파리 전 시가를 군사적 처형장으로 만들어 완전 파괴에 내맡기게 될 것이며, 본보기로

영구히 기념이 될 만한 복수를 할 것이다.'

프랑스 국민을 위협하여 혁명을 후퇴시킬 목적으로 나온 이 선언은 도리어 불에 기름을 퍼붓듯이 프랑스 국민을 격노하게 만들었다. 결과는 8월 10일 시민 봉기로 나타나 왕궁 안으로 난입하여 국왕과 그 가족을 탕플 탑에 유폐했다. 그리고 왕권을 정지했다. 새로이 소집된 국민공회에서 왕정이 폐지되고 9월 22일 공화국이 선포되었다.

국민의 의식 앙양을 반영하여 프랑스군은 처음으로 바르미 전투에서 프로이센군을 격파했다. 그 후 얼마 동안 프랑스군의 우세가 지속되었으나, 국왕을 처형한 후 영국, 네덜란드, 그리고 스페인이 프랑스에 선전 포고를 함으로써 프랑스군은 궁지에 몰리게 되었다.

특히 1793년 4월 5일, 뒤무리에 장군이 배반하여 오스트리아군으로 도망친 사건은 프랑스군을 괴멸 상태로 몰아넣었다. 이것을 재건한 것이 카르노다.

◆ 카르노(1753~1823)

역학적 에너지 보존 법칙

카르노는 변호사의 아들로 프랑스 동부의 브로고뉴 지방의 놀레에서 태어났다. 그의 집안은 오랜 명문이었으나, 형제가 무려 18명이나 되어 생활에 여유가 없었던 것 같다. 놀레에서 초등 교육을 받고 오탄에 있는 신학교를 졸업한 뒤 메제르 공병 사관학교에 응시했으나 실패했다.

파리로 나와 예비학교에서 공부한 후, 다시 도전하여 1771년 2월, 수험생 90명 중 열두 사람이 합격했는데, 카르노는 3등의 성적으로 입학했다. 그는 거기서 몽주의 가르침을 받았다. 수학과 자연과학을 공부함에 따라 신학교에서 배운 가톨릭 신앙을 버리고 반교회적인 입장으로 옮겨 갔다. 그리고 백과전서파와 루소의 사상에 공명하여 루소를 방문한 적도 있었던 것 같다.

1773년 메제르 공병사관학교를 3등의 성적으로 졸업하고 기술 중위로 칼레에 부임했다. 주로 프랑스 북부 지방 각지에서 근무한 후, 1780년 아라스로 전근했다. 거기에서 문학 서클 '로자티'에 참가하여 고전 취미의 시를 썼다. 이 서클에는 로베스피에르와 푸시에 등이 있었는데, 그들 중 카르노가 제일 뛰어났던 것 같다.

1783년에 대위로 승진했다. 그 무렵 「기계 일반에 관한 시론(試論)」이라는 논문을 발표했다. 이 논문에서 그는 기계의 모든 동력 전달 양식을 연구함으로써 활력(活力, 현재의 역학적 에너지)의 보존 법칙을 이끌어 내었다. 이 활력의 보존 법칙은 다니엘 베르누이에 의해 제시되었고 보르다와 쿨롱 등도 이용하고 있었다. 카르노는 이것에 보다 일반적인 증명을 부여하려 했던 것이다. 이 논문 가운데서 '기계가 최대 효율을 올리기 위해서는 눈에 보이지 않을 정도의 변화를 함으로써 충돌을 피하지 않으면 안 된다'라고 말하고 있다. 이 말은 카르노의 그 후의 삶의 방식을 암시하는 듯이 보이기도 한다. 또 파리 과학아카데미에 기구(氣球)에 대한 논문도 제출하였다.

카르노를 유명하게 만든 것은 디종의 아카데미에서 공모한 현상 논문에 '보방 원수를 칭송하는 말'을 제출하여, 1등으로 당선한 일이다. 보방 원수는 루이 14세 시대의 명장으로 축성술(築城術)에 뛰어난 인도주의적 사회 개량가로 알려져 있다. 카르노는 이 논문에서 '인간이 숫벌이나 일벌인 한, 국가 구성원을 일하게 만드는 것이 정치의 목적이 되어야 한다. 최종적으로는 가진 자로부터 가난한 자에게로 부(富)가 옮겨짐으로써 목적이 달성된다'라고 말하고 있다.

카르노(1753~1823)
군인, 정치가, 수학자로 활약. 카르노사이클로 유명한 사디 카르노의 아버지

아버지 친구의 딸인 유르슈르와 카르노는 연인 사이로 장차 두 사람은 결혼할 것으로 알고 있었다. 그런데 1789년 2월 유르슈르가 그보다 문벌이 좋은 다른 장교와 결혼할 것이라는 소식을 들은 카르노는 무장을 하고 집을 뛰쳐나가 취침 중이던 상대 장교의 집으로 찾아가 결투를 신청했다. 결투까지 이르지 않았지만 혼담은 깨지고 말았다. 그는 연적에 대한 폭행혐의와 취조하던 상관에 대한 무고죄로 체포되어 수감되었다.

약 두 달 동안 옥에 갇혀 있다가 5월 29일 석방되었는데, 이 사건은 카르노의 인생에 커다란 영향을 주었다. 변명도 허용되지 않는 권력자들의 독단적인 처리에 대한 불만과 승진의 길이 막혀 버렸다. 그리고 깨진 사랑에 대한 좌절감이 구제도와 특권 계급에 대한 그의 반발심을 돋우어 그로 하여금 진보파에 접근하게 했다.

일당 일파에 쏠리지 않는 군인으로서

출옥 후 한 달 반쯤 뒤 혁명이 일어났다. 카르노는 혁명을 진심으로 환영했다. 당시 군대에서 장군의 지위는 재능에 따라서가 아니고 대귀족 출신자들만 차지하게 되어 있었다. 그와 같은 평민 출신자가 대령까지 출세하는 데는 보병 장교의 경우 27년, 카르노와 같은 공병 장교일 경우는 40년을 근무해야 했다. 옥에 들어갔던 카르노에게는 이제 대령까지의 승진도 절망적이었다.

1789년 9월, 입헌의회에 건의서를 제출했다. 그중에서 카르노는 특권을 폐지하고, 능력주의를 채택하여 기술을 향상시켜야 한다고 호소하고 있다. 특히, 장교의 승진에 대해서는 공병 총감 한 사람의 의견뿐만 아니라, 하사관까지 포함시킨 선거에 의한 심의회 같은 데에서 결정할 것을 요구하고 있다.

1791년 그는 프랑스 북부에 있는 세인트오메르의 부호 뒤퐁의 딸 소피와 결혼했다. 그 무렵 에이레 지방의 '헌법동우회'의 회장이 되어 있었다. 1791년 10월 입법의회 선거에서 장인 뒤퐁 등의 추천으로 입후보하여 위원으로 선출되었다. 의회에서는 처음에 콩도르세와 같은 공교육위원회에 소속되어 있었다.

그 무렵, 전쟁에 대한 논의가 활발했다. 군인 카르노는 전쟁에 대해 어떤 입장을 취하고 있었을까? 그는 개전의 논의에는 그리 적극적으로 참가하지 않았다. 그러나 전쟁이 절박하여 피할 수 없게 되었고 혁명의 성과를 지켜나가기 위해서는 일전도 불사한다는 입장을 취하고 있었다. 이것은 지롱드파의 주장에 가깝다고 할 수 있다. 그러나 이 전쟁에서 반혁명파의 도당들은 틀림없이 배반할 것이며, 또한 그것이 적에게 유리하게 작용할 것이라고 보고 있던 점은 로베스피에르의 관점과 가깝다고 할 수 있다.

카르노는 항상 특정한 파벌에는 속하지 않았으며, 자기 자신의 생활을 지켜나가기 위해 신변잡사에는 눈을 감고, 일부러 모른 체하고 있었다.

"나는 군인인데다 말수가 적어, 어느 당파에도 편들고 싶지 않다. 무장한 군대는 정치적 심의에는 관여하지 않는다. 군인은 오직 법에 복종하여 행동하고, 법의 실행자이기만 하면 되는 것이다"라고 카르노는 말하였다.

1792년, 왕당파가 군대용 밀가루에 유리 가루를 섞어 넣었다는 소문에 대해 카르노가 조사하여, 전혀 사실 무근임을 밝혀내어 왕당파 사람들을 무죄로 석방한 일이 있다. 이것도 카르노가 일당 일파에 쏠리지 않고 공평하게 대처한 증거라고 할 수 있다.

의식 혁명을 통하여 강력한 군을 육성

혁명이 일어난 후 특권 계급에 대한 반발 풍조는 군대에도 파급되어, 병사가 귀족 장교에게 반항하는 사건이 자주 일어났다. 개전을 앞두고 병사의 복종 문제가 의회에서 문제가 되었을 때 카르노가 주장한 것은 전제 시대의 수동적 복종과는 다른 이성적 복종이라고 하는 것이었다. 여기에서 계몽주의의 영향을 읽을 수 있다.

'이성(理性)에 의해서 복종하는 군대는 기계적으로 행동하는 군대를 항상 격파할 것이다. 자유로운 병사는 노예보다 낫기 때문이다.'

136

프랑스 동북부의 국경 지방도

전쟁으로 돌입하기는 했으나 전황은 프랑스에 불리했다. 프로이센군이 프랑스 국경으로 접근해 왔을 때 '조국은 위기에 처했다!'라는 비통한 비상사태 선언이 나오고, 지원병을 모집하게 되었다. 이때 카르노는

"싸울 의지를 갖는 국민은 모두 병사다. 총이 없다면 각 자치제에 국비로 창을 만들어 배급하라."

고 말했다. 창이 총을 이길 수는 없다. 그러나 카르노는 이 발언으로 무기의 부족을 구실로 국민 총동원에 반대하고 있던 뒤무리에게 대항했던 것이다.

위기에 처한 조국을 구할 수 있는 것은 전 국민의 일치된 궐기 외에는 없다고 생각했다. 또 다음과 같은 말도 하였다.

"국민 중의 특수한 일부만이 항상 무장하고, 다른 대부분이 그렇지 않은 곳에서는 어디서나 필연적으로 후자는 전자의 노예가 되고 만다. 아니 오히려 양자 모두가 군의 지휘권을 교묘히 조종하는 사람들에 의해서 노예 상태로 빠뜨려지고 만다. 그러므로 자유로운 나라에서는 모든 시민이 병사가 되느냐, 아무도 병사가 되지 않느냐의 둘 중 어느 하나가 절대로 필요하다."

새로이 징집된 병사들을 수아송에 모아서 훈련시키기 위해 카르노는 수아송 주둔지 소속 위원으로 임명되었다. 부임한 지 한 달이 될까 말까 하는 사이에, 8월 10일 혁명(국왕이 권리 정지)이 일어나, 급거 라인군단 소속 정치 위원으로 파견되었고, 그 한 달 후에는 다시 스페인 국경의 바욘-피레네지구 정무위원(政務委員)으로 파견되었다.

카르노의 임무는 전선 기지에서의 전투태세의 정비였다. 군수 물자의 보급로를 확립하는 동시에 전투 장병들의 사기를 앙양시키는 일이 목적이었다. 특히 중앙군 사령관 라파예트의 도망에서 볼 수 있듯이, 상급 장교들에게는 혁명 정신이 결여되어 있어, 조국의 위기를 느끼고 자발적으로 지원해 온 혁명 전사들과의 사이에 의식상의 커다란 거리가 있었다. 그래서 카르노는 전부터의 자신의 주장대로 능력주의를 채택하여 귀족 출신의 무능한 장교들을 경질하고 유능한 장군을 채용했다. 이와 같은 의식 혁명의 결과 프랑스군은 바르미 전투에서 처음으로 프로이센군을 격파할 수 있었다.

카르노는 임지에 있었기 때문에 충분한 선거 운동을 할 수가 없었다. 그러나 국민공회의 의원으로 선출되었다. 바르미 전투에서 승리를 거둔 이튿날 국민공회가 개회되었다. 전황은 얼마 동안 순조로이 진행되었다. 알프스 전선에서는 니스, 사오이아를 점령했고, 라인 전선에서는 슈파이어, 보름스, 마인츠, 프랑크푸르트를 점령했다. 또 북부 전선에서는 뒤무리에 장군이 지휘하는 프랑스군이 벨기에령으로 침입하여 쥬마프에서 오스트리아군을 격파했다.

이 승리는 바르미 때와 같은 교전도 하지 않은 승리가 아니라 당당하게 교전한 첫 번째 승리였다. 진격한 프랑스 장병들은 압정에 신음하는 주민들의 환영을 받았다. 그리고 11월 19일 국민공회는

"자유를 회복하려 하는 모든 인민은 국민공회에 의해서 우정과 지원을 받게 될 것이다."

라고 선언했다.

이 같은 외적에 대한 전쟁과 병행하여 내부적으로 국왕에 대한 재판이 진행되고 있었다. 1793년 1월 17일 카르노는 국왕의 사형에 찬성하는 한 표를 던졌다. 후년에 '루이 16세는 자기 나라를 외국에 팔아넘기는 큰 죄를 범했으므로 국왕이라고 한들 유죄 판결을 모면할 수는 없었다'라고 술회하고 있다.

프랑스를 승리로 이끈 조직자

1793년 2월부터 3월에 걸쳐 카르노는 외교위원회를 대표하여 모나코, 벨기에, 로렌 및 자르 등의 각 지방을 프랑스에 병합하는 법안을 국민공회에 제출하여 가결하게 했다.

그는 국제 정치에 있어서는 '자신에게 필요 불가결한 것이 아니면서 남의 권익을 해치는 모든 행위는 부정하다'고 말했다.

이것은 바꿔 말하면 '다른 나라의 권익을 해칠만한 행위가 정당화될 수 있는 것은 자기 나라에 불가결한 필요성이 있을 때'라는 말이 된다. 즉, 자기 나라에 필요 불가결한 때는 다른 나라의 권익을 침해해도 된다는 말이 된다. 이것은 국수적 에고이즘과도 통하는 생각이다.

국왕이 처형되고, 근린 여러 나라들이 프랑스에 병합되기 시작할 무렵인 2월 1일 영국과 네덜란드가, 3월 7일은 스페인이 프랑스에 선전 포고를 했다. 프랑스 혁명군은 5개국의 연합군과 망명 귀족군을 상대로 싸우게 되었다.

3월 12일 카르노가 북부 전선의 노르 방면군 소속 위원으로 임명되었다. 그가 부임한 지 얼마 후인 4월 5일, 북부 전선 최고 사령관 뒤무리에 장군이 자기 나라를 배반하고 적국 오스트리아로 도망쳤다. 최고 사령관을 잃고 괴멸 상태에 빠진 프랑스군을 수습하여 재건한 사람이 바로 카르노다. 그는

'2500만 자유 시민을 갖는 한 국가는 그 모든 노력과 모든 수단을 결집한다면 이해(利害)를 달리하는 열강의 연합군에 승리할 수 있을 것이다. 이 목적에 도달하기 위해서는 개개 프랑스인을 병사로 만들어 국토방위에 모든 힘, 모든 지성, 모든 부(富)를 모아서 그것을 수가 많고 전쟁에는 익숙해 있겠지만, 무디고 결단성이 없는 적을 향해 집단적으로 서둘러 진격시킬 것'

을 주장했다.

그러기 위해 국민 총동원법을 성립시켰고, 그 결과 1794년 4월 1일 프랑스군의 총병력이 635,000명에 달했다. 그때 연합군은 약 400,000명이었다. 카르노는 이 새로운 군대에서 구제도 하에 존재하던 귀족 장교들의 특권 의식을 철저히 타파하

고, 혁명 법령에 위반하는 자는 가차 없이 체포, 추방했다.

반면, 선거 제도를 도입하여 능력 있는 사람이 승진할 수 있는 길을 텄다. 또 이전에는 가진 자가 대리인을 내세워 병역을 모면하곤 했는데 카르노는 이것을 일절 인정하지 않았다.

이렇게 하여 젊고 유능한 장군들과 전의에 넘치는 많은 병사들로 군대가 형성되었다. 부족했던 병기 등도 은사 몽주 등 과학자의 협력을 얻어 정비할 수 있었다.

9월 14일, 프류르와 함께 군사 담당 공안 위원으로 선출된 카르노는 하루 16시간 이상을 집무했다고 한다. 프랑스군의 형세를 역전시킨 계기가 된 10월 16일 와시니 전투에서는 카르노 자신이 직접 진두에 서서 획기적인 공격적 기동 전략으로 승리를 거두었다. 이 때문에 카르노는 '승리의 조직자'로 일컬어졌다.

프랑스군의 형세를 재건할 수 있었던 원인으로는 대량의 병사 동원, 혁명적 정신과 애국심에 뿌리박은 전의의 앙양, 유능한 인재의 발탁 등을 들 수 있다. 또 아시니 전투의 전술상의 성공 원인 중 하나로 기동 작전에 의한 대병력의 집중과 산병(散兵) 전술, 종대(縱隊) 전술을 병용한 새 전법을 들 수 있을 것이다. 완전한 승리를 거두기 위해서는 모든 지점에서 승리해야할 필요는 없으며, 중요한 한 지점에서 승리를 차지해야 한다고 생각한 카르노는 그 지점으로 와시니를 택했던 것이다. 적이 눈치 채지 못하게 대군을 이동시켜 단숨에 공략했다.

종전에는 횡대(橫隊) 전술이 채택되고 있었는데 카르노는 산병 전술을 취하는 동시에 세 개의 돌격 부대를 편성하여 자신이 직접 진두에 서서 종대로, 드릴로 구멍을 뚫듯이 단숨에 적진으로 돌입했다. 이 전술은 후에 나폴레옹에게 계승되어 발달했다. 말하자면 나폴레옹은 카르노의 제자라고도 할 수 있을 것이다. 나폴레옹 자신도 "와시니는 혁명군의 가장 훌륭한 전적이었다. 이것을 실현시킨 것은 카르노다"라고 말하고 있다.

본래 침략 전쟁에는 반대하며 '정의로운 전쟁, 그 이름을 더럽히지 않는 전쟁은 모두 본질적으로 방위적이다'라고 주장하고 있던 카르노는 '전쟁은 하나의 폭력적인 상태다. 이것은 철저히 하거나, 아니면 집구석에 가만히 틀어박혀 있거나 하는 어느 한 가지 길밖에 없다'고 각오하기에 이르러 와시니의 승리를 쟁취했던 것이다.

철저히 적을 이기기 위해서는 적을 "증오하고 경멸하기를 본분으로 삼아라"라고 병사들에게 포고하고, "가능한 한 최후의 한 사람까지 적을 섬멸하라"는 명령을 내렸다. 전쟁의 격화로 카로노의 휴머니즘은 크게 변모해 있었다.

망명 중에 쌓은 수학적 업적

조국이 위기에 처해 있는 동안 카르노는 로베스피에르 일파와 협력하고 있었다. 그러나 전국이 호전됨에 따라, 본래 온건파이던 카르노는 로베스피에르 일파와 공안위원회에서 대립하고 있었다. 1794년 7월 27일 테르미도르의 반동으로 로베스피에르 등이 체포되어 단두대에 세워졌을 때 카르노도 로베스피에르의 협력자라고 하여 공격을 받았다. '하지만 그는 승리의 조직자다'라는 발언에 구제되어 가까스로 단두대를 면한 적이 있다. 에콜 폴리테크닉과 국립 학사원의 설립에 진력했고, 자신도 학사원의 회원으로 선출되었다.

1795년 3월, 공안위원회를 은퇴했으나 원로회의 의원으로 입후보하여 당선되었고, 10월 27일 다섯 사람의 집정관(執政官, 총재) 중 하나로 선출되었다. 이때 카르노는 나폴레옹을 발탁하여 이탈리아 원정군 사령관으로 임명했다. 집정관 중의 한 사람인 바라스는 책략가이며 파렴치한이었기 때문에 청렴한 카르노와는 뜻이 맞지 않았다. 1797년 9월 1일 프뤽티도르의 쿠데타 계획에 반대한 카르노를 바라스는 왕당파와 내통하고 있다고 하여 추궁했다. 바라스의 음모를 알아챈 카르노는 스위스, 독일 남부의 아우크스부르크, 뉘른베르크로 망명했다. 추방된 학사원 회원 카르노의 후임으로는 나폴레옹이 선출되었다.

망명 중에는 수학 연구에 몰두하여 『무한소 산법(無限小算法)에 대한 철학적 고찰』이라는 책을 썼다. 이 책은 1797년에 발행되었는데 큰 인기를 얻어 몇 개 국어로 번역되었다. 그 속에서 '무한히 작은 양이라고 불리는 것은 단순히 임의의 제로인 것은 결코 아니며, 오히려 관계식을 결정하는 어떤 연속성의 법칙에 의해 할당된 제도이다'라고 말하고 있다.

뉘른베르크에 망명 중이던 1799년 11월 9일, 브뤼메르의 쿠데타에 의해 통령 정부가 성립되고 나폴레옹이 제1통령에 올랐다. 나폴레옹은 카르노가 무죄임을 통고하고 귀국을 허가했다. 1800년 2월 카르노는 병기창 장관이 되었고, 4월 육군 장관이 되었으나 반 년 만에 사임한다. 이미 카르노의 의향은 옛날처럼 장병들에게 전해지지 않았고, 여비에 대한 결산까지도 꼬치꼬치 밝게 하는 청렴한 인물 카르노의 존재는 장군들에게 거북스럽기만 해서 장군들이 들고 일어나 카르노의 사직을 나폴레옹에게 요청했기 때문이었다.

　얼마 동안 수학 연구에 몰두하고 있었으나 1820년 호민부(護民府) 의원으로 임명되었다. 나폴레옹이 레지옹 도뇌르(Légion d´honneur) 훈장을 제정하려 했을 때 그는 이에 반대했고, 또 나폴레옹을 종신 제1통령으로 하는 의안이 상정되었을 때에도 반대하였다. 회의장에는 서명록이 마련되어 의원들은 여기에 찬반을 기록하게 되었다. 카르노가 일어섰을 때는 모두가 그에게 신중을 기하도록 말리려 들었으나, 카르노는 '나는 자신의 처벌에 스스로 서명하고 있다는 사실을 잘 알고 있다. 부결'이라고 썼다. 허둥지둥 다른 서명록이 내놓아졌다. 이번에는 단지 '부결'이라고만 썼다.

　1804년 4월 4일, 나폴레옹을 황제로 삼는 의안이 문제가 되었을 때도 카르노는 호민부 중의 유일한 반대자였다. 의장은 카르노의 발언을 봉쇄하려 했으나 카르노는 종신 통령 제도가 생긴 이후 왕정적 입법이 잇따라 자유를 압박하고 있다는 것을 지적하면서 "나는 왕정 재건에 반대 투표를 합니다"하고 말했다. 그러나 반대는 했어도 일단 합법적으로 성립된 사실만은 인정했다. 1807년 8월에 호민부가 폐지될 때까지 그는 그 직무를 계속하다가 의원으로서 당연히 받는 레지옹 도뇌르 훈장도 사퇴하지 않고 받았다.

　호민부에 재직 중 여가를 찾아 수학을 연구하여 『기하도형(幾何圖形)의 상관에 대하여』, 『위치의 기하학에 대하여』, 『횡단선(橫斷線)의 이론에 관한 소론(小論)』 등을 잇달아 발표하였다. 『위치의 기하학』이란 저서 덕분에 카르노는 몽주와 함께 근대 종합 기하학의 시조 중 한 사람으로 꼽히게 되었다. 또 『횡단선의 이론』은 메넬라오스의 정의를 확장한 것으로 '카르노의

144

정리(定理)'를 포함하고 있다.

1814년 1월, 프랑스군은 괴멸 상태에 빠졌고, 러시아군, 프로이센군이 프랑스 전국을 유린하려 하고 있었다. 예순한 살의 카르노는 군무에 복귀하고 싶다고 황제에게 자원했고, 황제는 그를 벨기에 북부의 앤트워프의 총감으로 임명했다. 적군이 파리를 점령했는데도 앤트워프 성은 백기를 들지 않았

사디 카르노(1796~1833)

다. 나폴레옹이 퇴위하고 왕정이 복고되어 새 정부로부터 정식 서류가 도착하고서야 비로소 성을 내어주고 조용히 물러났다. 시민은 카르노에게 감사하고 그를 위한 비를 세웠다고 한다.

나폴레옹의 백일천하(百日天下) 때, 나폴레옹의 간청으로 그는 내무 장관에 취임했다. 여러 가지 개혁을 기획했으나 그것이 실현되기 전에 워털루의 전투가 패배로 끝났다. 나폴레옹이 퇴위한 후 푸시에 등과 함께 다섯 사람의 임시 정부 위원으로 선출되었으나, 부르봉 왕조와 손을 잡은 푸시에게 따돌림을 받아 카르노는 추방되었다.

1815년 10월 몰래 프랑스를 탈출하여 벨기에, 오스트리아를 거쳐 이듬해 1월 16일 폴란드의 바르샤바에 도착, 6월에는 프로이센의 마그데부르크에 정착했다. 거기서 시작(詩作)과 수학 연구를 즐기면서 여생을 보냈다.

카르노의 장남 사디 카르노(1796~1833)는 카르노 사이클로 유명한 물리학자이고, 차남 이폴리트 카르노는 문교부 장관까지 된 정치가로 나폴레옹 3세에 반대했다가, 나폴레옹 3세가

실각한 후 종신 원로원 의원으로 선출되었다. 또 이폴리트의 아들 사디는 프랑스 대통령이 되었으나 이탈리아의 무정부주의자에게 암살되었다.

* * * * *

카르노는 프랑스를 사랑했기 때문에 혁명에 적극적으로 참가하여 혁명을 추진했던 사람이다. 더구나 자신의 의견이 통하지 않게 된 것을 알자 곧 망명하여 정치 활동에서 손을 떼고, 시작과 수학 연구에 몰두하는 유연성을 지니고 있었다. 나폴레옹이 몰락한 후 치매 상태가 되어버린 몽주와는 달리 카르노는 모든 직위에서 추방되고서도 꿋꿋하게 살아갈 수 있었다.

〈카르노의 정리〉

그리스 수학자 메넬라오스에 의한 정리(定理)를 일반화한 것이다.

n차의 평면 대수곡선과 삼각형 ABC의 모서리 BC, CA, AB와의 교점을 각각 P_i, Q_i, $R_i(i=1,2,\cdots\cdots, n)$라고 하면,

$$\prod_{i=1}^{n} \frac{BP_i}{CP_i} \cdot \frac{CQ_i}{AQ_i} \cdot \frac{AR_i}{BR_i} = 1$$

이 성립한다. 특히 n=1인 때가 「메넬라오스의 정리」이다.

---

2. 전쟁과 과학자들

프랑스 혁명 정부는 오스트리아, 영국, 네덜란드 등 여러 나라에 의한 간섭 전쟁 때문에 매우 곤경에 처해 있었다. 1793년경에는 전쟁을 수행하려 해도 병기창에는 무기가 없었다. 창

146

으로 맞서 싸우자는 결의를 했을 정도였다.

전쟁 전에는 강철의 대부분을 영국으로부터 수입하고 있었는데, 영국이 적으로 돌아서자 강철이 매우 부족한 상태에 빠지게 되었다. 그래서 수학자 몽주, 화학자 베르톨레, 프로크로와 등이 새로운 제철 방법을 개발하여 그 이후 철강을 프랑스 국내에서 제조할 수 있게 되었고, 프랑스제 강철을 사용하여 총검이 만들어지게 되었다.

대포를 만들기 위한 구리도 스웨덴과 영국으로부터 수입하고 있었는데, 사원의 종을 녹여서 쓰기로 했다. 당시의 용금술(溶金術)로는 틀을 만드는 데 무척 많은 공이 들었는데, 몽주는 『대포주조법』이라는 안내서를 저술하여 전국 곳곳에서 손쉽게 대포를 주조할 수 있게 했다.

무엇보다도 곤란한 일은 화약의 부족이었다. 질산칼륨은 그때까지 인도에서 수입하고 있었는데, 해상권을 영국 해군이 장악하고 있었기 때문에 이를 획득할 방법이 없었다. 그렇다면 질산칼륨을 어떻게 얻을 것인가? 몽주는 그에 대해 이렇게 대답하고 있다.

"우리 주위의 토양으로부터 얻을 것이다. 마구간, 움집, 뒷간 등에는 사람들의 생각보다 많은 질산칼륨이 포함되어 있다. 우리에게 질산칼륨이 함유된 흙을 제공해 준다면 사흘 뒤에는 그것을 대포에 장전할 수 있다."

몽주의 계획은 실행으로 옮겨졌다. 프랑스의 끝에서부터 끝까지, 밤낮을 가리지 않고, 남녀노소가 자기 집 흙을 파내어 국토방위를 위해 일했다. 몽주와 베르톨레는 흙으로부터 질산칼륨을 정제하는 기술과 화약을 만드는 간단한 방법을 고안했다.

1794년 3월 '질산칼륨 축제'가 개최되었을 때, 몽주는 「애국적인 형태로 결정(結晶)되는 질산칼륨의 조작」에 대해 강연했다. 이 축제에는 '질산칼륨에 대한 공화국의 노래'가 불려졌다.

실은 이 질산칼륨 축제가 있던 같은 달에 위대한 화학자 라부아지에가 단두대에 세워졌다. 그가 단두대에 서게 된 것은 혁명 전에 징세 청부인이었기 때문이다. 라부아지에는 체포될 때 "나는 징세인(徵稅人)이 아니라 과학자다"라고 변명했으나, 그를 체포하러 온 관리는 "공화국에는 과학이 필요치 않다"고 말했다고 한다.

그러나 지금까지 살펴 왔듯이 혁명전쟁에서 몽주와 베르톨레 등의 과학자는 없어서는 안 될 존재였을 뿐만 아니라 화약 공장의 관리자로서 중요한 역할을 한 화학자 샤프탈(1756~1832), 비누와 유리 등의 제조에 없어서는 안 되는 탄산 소다의 제조법을 발명한 르블랑(1742~1806) 등의 과학자를 필요로 하고 있었던 것이다.

◆ 반데르몬드(1735~1796)

반데르몬드는 의사의 아들로 파리에서 태어났다. 소년 시절부터 몸이 허약했기 때문에 양친은 집에서 음악을 배우게 하고 다른 학문에는 관심을 갖지 않게 마음을 썼다고 한다. 음악에서도 재능을 발휘했지만 작곡을 공부하던 중, 수학에 흥미를 느껴 어떤 수학자의 지도를 받았다.

반데르몬드는 작곡에 관한 뛰어난 논문으로 음악가, 음악 이

148

베르톨레(1741~1822)

론가로서도 알려져 있다. 그 논문은 음악이 수학적인 일반 원칙을 좇아서 구성되어 있다는 것을 주장한 것이었다.

1770년 「방정식의 해법에 대하여」를 파리 과학아카데미에 제출했다. 이 논문을 가리켜 19세기의 수학자 크로네커(1823~1891, 독일)는

'대수학의 비약은 반데르몬드가 1770년 파리 과학아카데미에 제출한 논문 「방정식의 해법에 대하여」로부터 시작된다. 이 논문 구성의 심오함, 훌륭한 표현은 참으로 감탄할 만하다'

고 절찬하고 있다. 이듬해인 1771년 반데르몬드는 과학아카데미 회원으로 선출되었다. 1772년에는 「소거(消去)에 대하여」라는 논문을 썼다. 이 논문은 n개의 미지수를 가진 연립 방정식의 해법을 연구한 것으로서, 이 가운데에 '반데르몬드의 행렬식'이 포함되어 있다.

기계와 공예 관계의 기술자 양성을 위한 국립고등공예학교의 성립에 관해서 반데르몬드는 굉장한 노력을 했다. 이 학교는 1780년 설립되었는데, 그는 1782년 이후 이 학교의 교장으로 재직했다. 이 무렵부터 수학자 몽주, 화학자 베르톨레와 알게 되었다. 베르톨레와는 무쇠와 강철의 차이에 대한 공동 연구를 하여 그 분석 결과를 1786년 발표하였다.

1789년 프랑스 혁명이 일어나자 50살이 넘은 반데르몬드는 정열적으로 이에 참가했다. 그리고 파리 코뮌(Commune de Paris) 당원이 되었고, 자코뱅 클럽이 결성되자 몽주 등과 함께

〈반데르몬드의 행렬식〉

$$\begin{vmatrix} 1 & 1 & 1 \\ x_1 & x_2 & x_3 \\ x_1{}^2 & x_2{}^2 & x_3{}^2 \end{vmatrix} = (x_2 - x_1)(x_3 - x_1)(x_3 - x_2)$$

는 3차의 반데르몬드 행렬식인데 n차의 반데르몬드 행렬식

$$\begin{vmatrix} 1 & 1 & \cdots & 1 \\ x_1 & x_2 & \cdots & x_n \\ x_1{}^2 & x_2{}^2 & \cdots & x_n{}^2 \\ \vdots & \vdots & & \vdots \\ x_1{}^{n-1} & x_2{}^{n-1} & \cdots & x_n{}^{n-1} \end{vmatrix} = \prod_{1 \le i < j \le n} (x_j - x_i)$$

에 의해 주어진다.

이에 가입했다. 1792년 9월 몽주의 친구 파슈(1746~1823)가 육군 장관이 되었을 때, 그는 몽주의 추천으로 육군성 피복창 장관으로 임명되었다. 그러나 파슈의 평판이 좋지 않아 이듬해 2월에 해임되었기 때문에 반데르몬드도 그 자리에서 쫓겨나게 되었다.

"할 말이 있느냐?" 하고 변명의 기회가 주어졌을 때, 반데르 몬드는 "나는 물론이거니와 파슈도 변명은 하지 않을 것입니 다. 우리 같은 사람은 변명 따위는 하지 않는 법입니다. 우리에 게 변명을 강요하는 자가 있다면 그런 무리들의 목을 칠 것입 니다"하고 대답했다고 전해지고 있다.

몽주는 반데르몬드를 그대로 버리지 않았다. 그 해 여름 반 데르몬드를 조병창 장관으로 다시 맞아들였다. 그리고 이 두 사람은 공동으로 문제를 연구하면서, 연명으로 몇 편의 논문을 썼다. 1795년 국립 학사원이 창설되고 반데르몬드를 그 위원

으로 맞이하였으나 취임한 지 몇 주 후에 세상을 떠났다.

◆ 무니에(1754~1793)

무니에는 파리 서남부의 투르에서 태어나 메제르 공병사관학
교에 진학하여 거기에서 수학자 몽주의 가르침을 받았다.
1775년 그곳을 졸업하고 공병대 제2부지휘관이 되었다.

1776년 「곡면의 곡률에 대하여」라는 논문을 썼는데, 10년 후
에야 파리 과학아카데미에서 공표되었다. 이 논문에는 현재 '무
니에의 정리(定理)'로 일컬어지고 있는 내용이 포함되어 있다.

무니에는 1779년부터 1788년까지 영국 맞은편 해안 체르부
르크 군항에서 군대의 기사로 종사했다.

프랑스 혁명이 발발한 뒤, 은사 몽주의 권유로 혁명에 참가
하여 자코뱅 클럽에 가입했다. 혁명전쟁을 승리로 이끌기 위해
경기구(輕氣球) 연구에 몰두하다가 전황이 위급해져 장군으로 라
인 강변에 종군했다가 마인츠에서 전사했다.

〈무니에의 정리〉

곡면 위의 한 점 P를 통과하는 접선 ℓ을 포함하는 법평면(法平面) π와,
π와 각 ω를 이루며 접선 ℓ을 포함하는 평면 α가 있다. 곡면을 α로 절
단했을 때 단면에 있는 곡선 위의 점 P에서의 곡률은 곡면을 π로 절단한
단면에 있는 곡선의 P에서의 곡률을 $\sin\omega$로 나눈 것과 같다.

7장
나폴레옹 시대와 수학자

1. 황제 나폴레옹(1769~1821)

나폴레옹(1769~1821)

집안을 돕기 위해 군인으로

나폴레옹은 코르시카에서 태어났다. 코르시카는 14세기 초부터 제노바의 영토였으나, 18세기 중엽부터 민족 독립운동을 전개하고 있었다. 코르시카의 지배에 골머리를 앓고 있던 제노바 정부는 1768년 5월, 코르시카를 프랑스에 팔아넘겨 버렸다. 그 이후 독립운동의 게릴라전은 프랑스군을 상대로 이루어졌으나 중과부적으로 진압되고 말았다.

나폴레옹의 양친도 헌신적으로 독립운동에 참가했다. 그러나 패배한 후 쓸쓸히 고향 아작시오로 돌아왔다. 그리고 1년 후 나폴레옹이 탄생했다. 그는 1784년 파리 육군사관학교에 입학하여 이듬해에 졸업했다. 졸업 성적은 58명 중 42번째였으니 결코 좋은 성적이라고 할 수는 없다. 그러나 수학만은 썩 잘했다.

파리 사관학교에 재학 중 아버지 샤를이 위암으로 세상을 떠났기 때문에 집안 살림을 돌보기 위해 16살에 시험을 쳐서 육군 소위로 임관하면서 라페르 포병대에 배속되었다. 그리고 얼마 후에 프랑스 혁명이 발발했다.

나폴레옹이 사나이로서 처음 이름을 떨친 것은 툴롱의 공격 작전이었다. 남 프랑스의 항구 툴롱은 반혁명파의 수중에 들어가 있었고, 영국과 스페인 함대가 이를 지원하고 있었다. 툴롱 공략에 즈음하여 나폴레옹은 미리 지형을 정밀하게 조사한 뒤,

툴롱 항을 내려다보는 곳(岬)을 점령하고, 거기에서부터 항만을
공격하는 작전을 수립했다. 1793년 12월 그는 작전을 실행하
면서 직접 전투를 지휘하여 적의 함대에 큰 손해를 입히고 격
퇴 시켰다. 이 툴롱 공략의 공적으로 소장으로 진급했다.

나폴레옹 관련 연대표

1769	8월 15일, 코르시카섬에서 출생
1784	파리 사관학교 입학
1785	2월, 아버지 샤를 사망
1789	7월, 프랑스 혁명 발발
1791	자코뱅 클럽에 가입
1793	6월, 보나파르트 집안 프랑스로 이주
1794	9월, 로베스피에르파라고 하여 15일 간 투옥
1796	3월, 조세핀과 결혼. 4월, 사령관으로 이탈리아 원정 출발
1798	5월, 이집트 원정 시작
1799	11월, 브뤼메르 18일의 쿠데타. 통령 정부 수립. 제1통령
1800	5월, 2차 이탈리아 원정 시작
1804	3월, 나폴레옹 법전 발포. 5월, 황제가 됨
	12월 2일, 대관식
1805	10월, 트라팔가에서 영국에 패배.
	12월, 아우스터리츠 전투
1806	3월, 형 조지프 나폴리 왕. 6월, 동생 루이 네덜란드 왕.
	10월, 프로이센에 대한 전쟁 시작
	11월, 베를린 칙령으로 대륙 봉쇄 시작
1808	2월, 로마 병합

1809	7월, 바그람에서 오스트리아군 격파
1810	4월, 마리 루이즈와 결혼. 7월, 네덜란드 병합
	12월, 러시아가 대륙 봉쇄령을 파기
1812	5월, 모스크바 원정 시작. 12월, 파리 귀환
1813	3월, 독일 해방 전쟁 시작. 10월, 패퇴
1814	1월, 러시아, 오스트리아 프로이센의 군대가 프랑스 국내로 진격(프랑스 전역). 3월, 파리를 내어줌. 4월, 퇴위. 5월, 엘바섬으로. 제1왕정복고
	9월, 빈 회의 시작
1815	2월, 엘바섬 탈출 3월, 파리 귀환. 백일천하
	6월, 워털루 전투에서 패배 퇴위. 제2왕정복고
	10월, 세인트헬레나섬으로 유배
1821	5월 5일, 세인트헬레나에서 사망

1794년 7월의 테르미도르의 반동 후, 나폴레옹은 로베스피에르 일파로 간주되어 체포당하여 15일 간 투옥되었다. 석방 후 공안위원회는 그를 보병 여단장으로 임명하여 방데의 반란군 진압에 파견하려 했다.

그러나 나폴레옹은 자신을 보병으로 전향하게 하는 것은 자기에 대한 커다란 모욕이라고 생각하고 그 명령을 거부했다. 그는 장군 명부에서 제명되고 파리의 노상을 방황하게 된다. 때마침 1794년부터 1795년에 걸친 인플레이션이 한창일 때 그는 가난에 쪼들려야 했다. 1795년 여름에야 겨우 육지 측량부에서 근무하게 되었는데, 거기에서 바라스를 알게 되었다.

이탈리아 지배와 1차 대불 대동맹의 해체

1795년 10월, 왕당파가 국민공회에 무력 공격을 가해 온 방데미에르의 반란 때 사령관으로 임명된 바라스는 나폴레옹을 발탁하여 부관으로 삼았다. 나폴레옹은 파리 시가지 한가운데에서 대포를 발사하여 반란군을 진압했다. 이 직후 나폴레옹은 바라스와 교체되어 국내군 최고 사령관이 되었고, 다시 3주 후에는 사단장으로 승진하여 '방데미에르의 장군'으로서 혁명 정부 내에서 주목을 끌게 되었다.

그는 1796년 3월 9일, 바라스의 애인이었던 조세핀(1763~1814)과 결혼했다. 그는 이보다 1주일 전에 총재 중 한사람이던 카르노에 의해 이탈리아 원정군 사령관으로 임명되었는데 결혼한 지 이틀 후에 이탈리아로 출발했다. 알프스를 넘기 앞서 그는 다음과 같은 연설을 했다.

"병사 제군! 제군은 알몸인데다 식량도 충분히 공급받지 못하고 있다. 정부는 제군에게 힘입은 바가 큰 데도 제군에게 아무 것도 보상하지 못하고 있다. 나는 제군을 이 세계에서 가장 비옥한 평야로 데리고 갈 것이다. 제군은 거기서 영광과 명예와 전리품을 손에 넣게 될 것이다. 이탈리아로 원정 가는 병사 제군들이여! 제군에게는 그럴 만한 용기가 있는가?"

약탈마저도 권장하고 있는 나폴레옹의 독특한 방법에 병사들의 사기가 고무되어, 오스트리아군을 이탈리아에서 몰아내었고, 라인 강 하구에서부터 북 이탈리아에 이르는 전역이 프랑스의 지배하에 놓여졌다. 이것으로 1차 대불 대동맹(對佛大同盟)은 해체되었다.

이집트 원정

나폴레옹은 전술가로서 뛰어났을 뿐만 아니라, 정치를 전쟁의 연장으로 파악함으로써 점령지를 위성 공화국으로 창설하여 이탈리아에서의 나폴레옹 지배가 시작되었다. 프뤽티도르의 쿠데타로 왕당파와 카르노가 추방된 지 석 달 후에 나폴레옹은 파리로 개선했다.

파리에 있는 동안 그는 라플라스 등의 학자와 교유하였는데, 추방당한 카르노의 후임으로 학사원 회원으로 선출되었다. 프뤽티도르의 쿠데타에서 우익을 잘라낸 총재 정부는 세력을 부활시켜 가고 있던 좌익도 배제했던 것이다. 이것이 프레리알의 쿠데타다.

프레리알의 쿠데타가 있은 지 며칠 후 나폴레옹은 이집트 원정 길에 올랐다. 카이로를 점령하고 이집트 학사원을 설립했다. 그중에서도 로제타석의 발견은 그 후 이집트학의 발전에 크게 기여했다. 그러나 프랑스 함대는 넬슨이 거느리는 영국 함대에 전멸되고, 그 이후 이집트에 원정 중인 나폴레옹에게는 프랑스 본토의 정보가 들어오지 않게 되었다.

그 무렵 프랑스 본토는 의회의 과반수를 차지하고 있던 신자코뱅파에 대한 반발이 표면화되면서 극도의 혼란 상태에 빠져 있었다. 포로가 갖고 있던 신문으로 2차 대불 대동맹이 결성되고, 그에 수반되는 프랑스 본토의 혼란상을 알게 된 나폴레옹은 많은 병사들을 남겨둔 채 이집트를 탈출하여 파리로 돌아왔다. 총재가 되어 있던 세스는 나폴레옹을 업고 쿠데타를 계획했다. 이것이 이른바 브뤼메르의 쿠데타다.

트라팔가 해전. 영국이 프랑스로부터 해상권을 빼앗은 일전

나폴레옹의 유럽 지배

이 쿠데타에 의해 정권을 잡은 나폴레옹은 다시 외국 원정에 나서 오스트리아군을 격파하고, 영국과의 사이에도 화약(和約)을 맺어 대륙에서의 프랑스의 우위를 인정시켰다. 이것으로써 다시 2차 대불 대동맹이 허물어졌다. 이렇게 하여 승리와 평화를 가져온 나폴레옹은 1802년 8월 1일 종신 통령이 되었다. 나폴레옹은 정권을 확보하기 위해 갖가지 내정 개혁을 시도했다. 이 여러 개혁 중에서 가장 주목되는 것이 '나폴레옹 법전(法典)'(1804~1811) 제정이다. 여기에는 법 앞에서의 평등, 개인의 자유 존중, 소유권의 불가침 등 프랑스 혁명의 유산이 도입되어 있는데 근대 민법의 규범으로 각국의 민법에 큰 영향을 끼쳤다. 만년에 나폴레옹은 "나의 명예는 싸움에서 이긴 것보다는 법전에 있다"고 자랑했다고 한다.

1804년 3월, 국민 투표의 결과로 황제에 즉위하여 나폴레옹 1세(재위 1804~1815)가 되었다. 황제 나폴레옹은 다시 외국 원정으로 바빠진다.

1804년 영국에서 피트가 내각을 조직하자 오스트리아, 러시아, 스웨덴에 권유하여 3차 대불 대동맹을 결성했다. 나폴레옹은 영국 본토로의 상륙을 시도했으나 1805년 10월, 프랑스와 스페인의 연합 함대가 트라팔가 앞바다의 해전에서 넬슨이 거느리는 영국 함대에 격멸됨으로써 그 계획이 좌절되었다.

그러나 나폴레옹은 오스트리아, 러시아의 연합군을 격파하고 대륙의 패권을 장악하였다. 대륙 제패에 성공한 나폴레옹은 1806년 베를린에서 대륙 봉쇄령을 발표하고 영국에 대한 경제 봉쇄를 단행했다.

그러나 이것은 도리어 일상 수입품의 공급을 영국에 의존하고 있던 대륙 여러 나라를 압박하는 결과가 되어, 나폴레옹의 지배에 대한 불만을 증대시켰다. 스페인과 오스트리아에서 반란이 일어났다. 그러나 나폴레옹의 지배 체제는 확고부동하여, 대륙 봉쇄를 지키지 않은 포르투갈을 점령하고 이어서 스페인 왕을 폐하고 자기 형 조지프를 스페인 국왕으로 삼았다.

1809년 나폴레옹은 오스트리아군을 바그람에서 격파하였고, 이듬해인 1810년 황후 조세핀과 이혼하고 오스트리아의 황녀 마리 루이즈를 황후로 맞았다. 이 무렵이 나폴레옹의 전성기로 유럽 여러 나라 중 나폴레옹의 명령을 따르지 않는 나라는 영국과 터키 두 나라뿐이었다.

왕정복고와 백일천하

1811년, 러시아가 봉쇄령을 무시하고 영국과 공공연하게 통상을 시작했기 때문에 이듬해 여름 나폴레옹은 대군을 거느리

나폴레옹의 유럽 지배(1812)

고 러시아 원정을 시도했다. 9월에 모스크바를 점령했으나 큰
화재를 만났고, 식량의 결핍과 닥쳐오는 추위 때문에 전군이
총퇴각을 해야 했다. 귀로에 심한 추위와 코사크 기병의 습격
을 만나 전군이 거의 괴멸 상태에 빠져 나폴레옹은 비참한 꼴
로 귀국했다. 나폴레옹의 러시아 원정 실패는 여러 나라에서

반 나폴레옹 기운을 북돋아 놓았다. 1813년 봄, 프로이센이 러시아와 동맹하여 나폴레옹에게 선전 포고를 하고 영국과 오스트리아도 이에 참가하여 4차 대불 대동맹이 결성됨으로써 해방 전쟁이 일어났다.

나폴레옹은 라이프치히의 전투에서 크게 패하고, 이듬해인 1814년 봄 동맹군이 파리에 입성했다. 나폴레옹은 퇴위하여 엘바섬으로 유배되고 루이 16세의 동생 루이 18세(재위 1814~1824)가 즉위하여 왕정으로 복고되었다.

루이 18세는 무능한데다 반동 정치로 치닫았기 때문에 국민의 신망을 잃고 있었다. 또 국제 질서를 재건하기 위해서 열린 빈 회의에서는 여러 나라의 이해(利害)가 대립하여 좀처럼 의사 진행이 되지 않았다. 이런 정세를 안 나폴레옹은 1815년 2월, 몰래 엘바섬을 탈출하여 프랑스로 돌아와 부르봉 왕조를 추방하고 다시 황제로 즉위했다. 놀란 열국은 5차 대불 대동맹을 결성하고 그해 6월 워털루의 전투에서 나폴레옹군을 격파했다. 나폴레옹의 두 번째 제정(帝政)은 약 100일 동안의 짧은 것이었기 때문에 이를 가리켜 백일천하(百日天下)라고 부른다. 나폴레옹은 대서양의 고도 세인트헬레나로 유배되어 거기에서 일생을 마쳤다.

◆ 라플라스(1749~1827)

달랑베르의 지원을 얻다

라플라스는 프랑스 북부의 노르망디 지방에 있는 한촌(閑村)

라플라스
(1749~1827)

베조(1730~1783) 알제리아 출
생, '베조의 행렬식'의 발견자

보몬 안 오쥬에서 빈농의 아들로 태어났다. 집안은 가난했으나 공부를 잘했기 때문에 근처 자산가의 원조로 상급 학교(베네딕트 교회가 경영하는 학교)에 진학했고, 1766년 신학을 공부하기 위해 칸대학에 입학했다. 거기에서 교사 르카누의 영향을 받아, 신학 대신 과학에 관심을 갖게 되었다. 얼마 동안 보몬의 학교에서 수학 조교사로 지냈다.

젊은 시절의 라플라스에 관한 행적이 확실하지 않은 것은 가난한 양친을 수치로 여기고 자신이 농민 출신이라는 것을 필사적으로 숨기려했기 때문이다.

1768년, 그 학교의 교사 르카누의 추천장을 받아 파리로 나와 달랑베르를 찾아갔다. 처음에는 만나주지도 않아 문전박대를 당한 라플라스는 실망하여 숙소로 돌아온 뒤 곧 역학의 일반 원리에 대한 자신의 견해를 써서 달랑베르에게 보냈다. 그 내용을 읽고 감탄한 달랑베르는 라플라스에게 회답을 썼다.

"아시다시피 나는 당신이 가져온 소개장에는 별로 관심을 쏟지 않았습니다. 하지만 당신에게는 그럴 필요가 없겠습니다. 그런 추천장이 없더라고 당신은 자기 자신을 훌륭하게 소개하였습니다. 이제부터는 내가 당신의 뒤를 밀어드리겠습니다."

달랑베르의 진력으로 마침내 라플라스는 파리 육군사관학교의 수학 교수로 취임할 수 있었다.

파리에 정착하자 라플라스는 수많은 논문을 파리 과학아카데미에 제출했다. 콩도르세는 훗날, 라플라스가 제출한 논문은 과학아카데미가 일찍이 받아 본 적이 없을 만큼 많은 양이었다고 말하고 있다.

이 때문에 라플라스는 1773년 젊은 나이로 과학아카데미의 회원으로 선출되었다. 1783년 수학자 베조가 사망하자 그 후임으로 왕립포병학교의 시험관이 되었다. 그때 수험생 중에는 16살의 나폴레옹도 있었다.

혁명에는 불참

라플라스가 40살 때 프랑스 혁명이 일어나 온 세상이 소란했다. 라플라스는 그런 환경에서 결코 남의 눈에 띌만한 행동은 하지 않고 있었다. 그러나 혁명 정부에 대해서는 충실한 학자인양 행동하고 있었기 때문에 혁명 정부에 의해 도량형 제정 위원으로 추천되었다. 1793년경의 공포 정치 아래서 과학자에 대한 탄압이 심했을 때는 잠시 파리를 떠나 있기도 했다. 테르미도르의 반동 후 에콜 노르말의 교수가 되었고, 이어서 설립된 국립 학사원의 회원으로 선출되었다.

1799년, 브뤼메르 쿠데타로 나폴레옹이 제1통령에 오르자 그는 과학자로서 가장 중요한 자리에 등용되었다. 나폴레옹은 라플라스를 내무 장관으로 임명했다. 그러나 행정 능력은 없었던 것 같아 반 년 만에 면직되었다. 세인트헬레나에서의 회상록 가운데서 나폴레옹은 다음과 같이 라플라스를 신랄하게 꼬집어 비평하고 있다.

'최고의 수학자였던 라플라스는 취임 초, 행정관으로서의 당당한 풍채를 보였다. 그러나 그가 집무를 하기 시작한 순간 나는 그를 등용한 것은 실패였구나 하고 생각했다. 그는 어떤 문제에 대해서도 핵심을 파악하지 못했다. 무슨 일에 대해서건 찬합 구석을 후벼대는 식으로 자질구레한 일에까지 간섭하려 들었다. 그리고 끝내는 무한소(無限小)의 정신을 행정에까지 적용시키려 들었다.'

나폴레옹은 라플라스를 장관직에서 물러나게는 했으나 그래도 상원 의원으로 삼았다. 1803년에 상원 부의장이 된 것으로 보아 정치적인 수완은 상당했던 것 같다. 1804년 나폴레옹을 황제로 추대하는 의안이 상정되었을 때 그도 찬성하였다.

라플라스는 나폴레옹 1세에게 혁명력(革命曆)을 폐지하도록 진언하고 새로운 달력의 재정에 진력했다. 나폴레옹은 그 공적에 대해 라플라스를 백작에 서작하고 레지옹 도뇌르 훈장을 수여했다.

라플라스의 무절조

라플라스는 주저 『천체역학론(天體力學論)』을 26년의 긴 세월에 걸쳐 완성했다. 제1권과 제2권은 1799년에, 제3권과 제4권은 1802년부터 5년간에 걸쳐서, 그리고 제5권은 1823년부터 25년 사이에 걸쳐서 출판되었다. 제3권은 서문에서 '이 책에 언급되어 있는 일체의 진리 가운데서, 저자에게 있어서 가장 가치가 높은 것은 유럽 평화의 강력한 보호자에 대한 충성 선언이다'라고 나폴레옹을 칭송하고 있다.

이 저서를 나폴레옹에게 바쳤을 때 나폴레옹이 "당신은 우주의 체계에 대해서 이같이 거대한 저서를 저술하고 있는데도, 어째서 우주의 창조자에 대해서 한마디도 언급한 것이 없는가?"하고 물었다. 이에 대해 라플라스는 "각하, 제게는 그런 가설(假說)이 필요치 않습니다"라고 대답했다고 한다.

1812년 『확률의 해석적 이론』에는 나폴레옹 황제에게 바치는 헌사가 실려 있다.

'나폴레옹 황제에게 바침. 폐하, 신이 천체 역학론을 바쳤을 때에 보여 주신 폐하의 호의 때문에 신은 확률 계산에 관한 이 저술도 폐하에게 바치고자 하는 소망을 억누를 수 없습니다. 이 정교하고 치밀한 계산은 생활의 가장 중요한 모든 문제로 확장되고, 실제로 웬만한 것은 확률의 문제로 환원되어 버리는 것입니다. 이 점 때문에 문명의 진보와 국가의 번영에 공헌할 수 있는 사람들을 충분히 평가하시고, 충분히 격려하시는 천성을 지니신 폐하의 관심을 끌 수 있을 것이라고 생각합니다. 가장 발랄하고 싱싱한 인식에 입각하여, 또 무한한 칭송과 존경의 마음으로써 집필한 것입니다. 새로운 헌상물을 가납하여 주셨으면 합니다.

폐하의 더없이 천하고, 더없이 유순한 종이자, 충성되고 선량한 신하 라플라스로부터'

나폴레옹이 라이프치히 전투에서 폐하고 동맹군이 파리로 입성했을 때, 라플라스는 나폴레옹의 퇴위에 찬성하였다. 그뿐 아니다. 루이 18세가 프랑스의 새 왕이 되었을 때는 재빨리 왕의 무릎 밑에 엎드렸고, 그 때문에 상원 의원의 의석을 보전할 수 있었고 동시에 에콜 폴리테크닉 개편위원회의 위원장이 되기도 했다. 또 1818년에는 학사원의 총재로 임명되었다. 재판된 『천체역학론』에서는 나폴레옹에게 바치는 헌사가 루이 18세에게 바치는 헌사로 바뀌어 있었다.

라플라스의 절조 없는 행동에 대한 비난이 있는 반면, 신진 학도들에 대한 그의 따스한 배려에 관한 에피소드도 있다. 수학자 비오(1774~1862)가 아직 청년이던 시절, 라플라스가 출석한 학사원의 회합에서 연구 보고를 한 적이 있었다. 비오가 보고를 마치고 난 뒤 라플라스는 그를 한쪽 구석으로 데리고 가서 누렇게 바래진 자신의 원고를 보여 주었다고 한다. 그것은 비오가 보고한 것과 같은 발견으로 아직껏 발표하지 않았던 것이었다. 라플라스는 이 일을 절대로 남에게 말하지 말라고 주의를 주고 나서, 자기보다 먼저 그 연구를 출판하라고 권했다고 한다. 이것은 라플라스의 다른 한 면을 보여주고 있다.

라플라스는 수학 연구에 입문하는 사람은 자기의 의붓자식과도 같다고 항상 입버릇처럼 말했다고 하는데, 그 의붓자식을 친아들처럼 다루고 있었던 것이다.

임종 자리에 모여든 친구와 추종자들을 앞에 두고 '우리가 알고 있는 것이란 아주 근소합니다. 하지만 우리가 모르는 일은 무수히 많습니다.'하고 말했다고 한다. 이것은 뉴턴이 한 '물가에서 노니는 소년'의 말을 연상하게 한다.

푸리에는 추도사 가운데서 '라플라스는 모든 것을 완성하기 위해서, 모든 것을 깊이 구상하기 위해서, 모든 제한을 제거하기 위해서, 누구나가 해결할 수 없는 것이라고 믿고 있던 것을 해명하기 위해서 태어난 학자이다'라고 칭송하였다.

* * * * *

라플라스는 자신은 혁명에는 그리 적극적으로 참가하지 않았지만 혁명에 힘쓰고 있던 학자들과 교류하고 있었기 때문에 자신의 결점을 드러내는 일 없이 사회 동향에 민감하게 반응할 수 있었다. 르장드르처럼 혁명 정부로부터 버림을 받지도 않았고, 나폴레옹에게 잘 아첨한 덕분으로 백작의 직위까지 받았다. 나폴레옹이 몰락한 뒤에는 재빨리 부르봉 왕조에 충성을 서약했다. 그 때문에 그 후에도 평온한 생애를 보냈다. 프랑스 혁명기의 수학자들 중에서는 가장 빈틈없고 약삭빠른 수학자였다고 할 수 있을 것이다.

◆ 푸리에(1768~1830)

혁명에 적극적으로 투신

푸리에는 파리 동남쪽 150㎞의 한 작은 마을 오크제르의 양복 가게 아들로 태어났으나, 8때 고아가 되었다. 사원의 오르간 연주가(또는 사제였다고도 한다)에게 양육되어 교육을 받았다.

소년 시절 푸리에는 사람들로부터 무척 귀여움을 받는 성격이라서 마을의 한 부인의 주선으로 오크제르의 육군 예비학교에 입학할 수 있었다. 푸리에의 재능은 이때부터 눈에 띄기 시작했고 성적은 언제나 일등이었다. 13살이 되었을 때 수학이 그의 마음을 사로잡아, 물을 얻은 물고기처럼 수학에 열중했다.

주방과 교실에서 타다 남은 양초 부
스러기를 주워 모아서는 자는 척하면
서 그것을 등불로 삼아 수학을 공부
했다.

푸리에는 육군사관학교에 들어가서
장차 장교가 되기를 희망하고 있었다.
그러나 그 당시 장교가 될 수 있는
것은 귀족 출신자로 한정되어 있었기
때문에 부득이 수도사(修道士)의 길을

푸리에(1768~1830)

택하여 견습 수도사가 되었다. 그때 마침 프랑스 혁명이 일어
나 자유로운 신분으로 수도원을 뛰쳐나와 파리로 갔다.

1789년 12월, 「수치방정식(數値方程式)의 해법에 관한 논문」
을 파리 과학아카데미에 제출했다.

푸리에는 혁명에 공명하고 오크제르로 돌아와 혁명 운동에
투신했다. 천성적인 웅변을 발휘하여 고향 사람들을 혁명으로
이끌었던 것이다. 공포 정치 시대가 도래하여 많은 사람들이
단두대의 이슬로 사라졌는데도 그의 혁명에 대한 정열은 사라
지지 않았다.

한편 그는 혁명에 희생된 불쌍한 사람들을 돕는 일에도 진력
하고 있었다. 당사자인 장군이 희생되는 것은 부득이한 일이라
고 하겠지만, 이 장군의 어머니에게까지 누가 미친다는 것은
혁명 정신에 위배되는 것이라고 열변을 토하여, 그 모친의 목
숨을 구제하기도 했다. 또 체포당하게 된 한 시민을 도망시키
기 위해 추적하고 있던 공안관을 자기 집에 가둬 두고 그 사이
에 도망가게 도와주기도 했다.

혁명 정부는 종교적 색채에 물들지 않은 자유롭고 평등한 교육을 확립하려 했다. 그러나 교사 수가 부족했기 때문에, 1794년 서둘러 교원 양성학교인 에콜 노르말을 개교했다. 푸리에는 여기의 수학 교사가 되었다. 그러나 에콜 노르말은 곧 폐교하고 그는 실직했다.

그러나 얼마 후에 과학 기술자를 양성하기 위한 에콜 폴리테크닉이 개교하자 그곳의 교사가 되었고, 얼마 후에는 해석학의 교수가 되었다. 푸리에의 강의는 수학의 역사적 기원까지 언급하는 명강의였다고 한다.

나폴레옹과의 친교

1798년 나폴레옹은 수학자 몽주, 화학자 베르톨레 등과 함께 푸리에를 이집트 원정군 문화 사절단의 일원으로 수행하게 했다. 문화 사절단의 목적은 '이집트의 불행한 인민들에게 구조의 손길을 뻗쳐 주고, 수 세기 동안 그들을 신음하게 한 야만스런 칼로부터 해방시키며, 최종적으로는 유럽 문명의 혜택을 신속히 베풀어 주기 위한' 것이었다. 그러나 당연한 일로 원정군에 의한 강압적 은혜는 이집트 현지민들의 반발을 샀다.

1798년 8월 이집트 학사원이 설립되고 푸리에는 그 회원으로 선출되어, 그곳의 학사원 기요(學士院紀要)에 많은 논문을 발표했다. 프랑스 본토에서의 정정이 불안하다는 소식을 들은 나폴레옹은 몽주와 베르톨레 등 소수의 사람만을 거느리고 몰래 이집트를 탈출하여 프랑스로 돌아갔다.

뒤에 남은 푸리에는 수학 연구에 열정을 쏟을 뿐만 아니라, 동료의 협력 아래 각종 공장(강철, 무기, 화약, 피복 등을 만드는 공장)을 이집트에 건설하여, 조국 프랑스로부터 멀리 떨어진 지역에서도 군수품을 충분히 공급할 수 있게 했다. 주둔군의 최고 사령관이던 장군이 이집트인에게 암살되는 불안한 사건이 있기도 했으나, 그는 2년 동안 이집트에 남아서 열심히 일을 했다.

1801년 프랑스로 귀국해 에콜 폴리테크닉의 교수로 복직했다. 이듬해에는 그르노블에다 현청(縣廳)을 두고 있는 이제르 현의 지사로 임명되었다. 이집트 체류 중에 푸리에는 고고학도 연구하고 있었다. 그르노블의 시민들은 푸리에의 고고학 연구가 성서에서 말하는 연대와 일치하지 않는다고 하여 소동을 벌였다.

그런데 푸리에는 자기 집 근처에서 고고학을 연구하다가 종파(宗派)의 창설자로서 숭앙을 받고 있던 성도(푸리에에게는 큰 숙부에 해당하는 피엘 푸리에)의 상(像)을 발굴했다. 이 때문에 신도들은 여태까지의 반대를 취하하고 그의 편을 들게 되었다.

이렇게 하여 존경을 얻게 되자 소택(沼澤)지대를 간척하여 나쁜 위생 환경을 개선하는 동시에 경작 면적을 늘리는 일석이조(一石二鳥)의 정책을 실행하고, 한편으로는 봉건적인 인습을 타파하는 공적을 쌓아, 그 공적으로 나폴레옹으로부터 남작의 작위를 수여받았다.

행정관으로 일하는 한편 수학 연구도 계속하여 「열의 해석이론에 관한 논문」을 썼다. 이것은 후세에 큰 영향을 끼친 논문으로 푸리에 급수에 관한 이론이 설명되어 있다. 이 연구로 국립 학사원은 그에게 최고상을 수여했는데, 이 논문 가운데서 수학적 취급이 불충분한 데가 있었기 때문에 여러 가지 비판이 있었다. 이것은 순수 수학과 응용 수학의 차이에서 기인한 것으로 생각된다.

이 푸리에의 논문에는 실제적인 의미가 부여되어 있기 때문에 틀림이 없을 것이라고는 생각되면서도, 당시의 수학의 힘으로는 엄밀하게 증명할 수 없는 부분이 포함되어 있었기 때문이었다. 그러나 1세기 후에 푸리에 급수의 이론에 수학적으로도 엄밀한 증명이 부여되었다.

〈푸리에 급수〉

$-\pi \leq x \leq \pi$로 정의된 함수 $f(x)$에 대해

$$a_n = \frac{1}{\pi} \int_{-\pi}^{\pi} f(t) \cos n\, t\, dt \ (\text{n=0, 1, 2, } \cdots)$$

$$b_n = \frac{1}{\pi} \int_{-\pi}^{\pi} f(t) \sin n\, t\, dt \ (\text{n=, 1, 2, } \cdots)$$

로 두었을 때, 급수

$$\frac{1}{2} a_0 + \sum_{n=0}^{\infty} (a_n \cos n\, x + b_n \sin n\, x)$$

를 $f(x)$의 푸리에 급수라고 한다.

나폴레옹과의 결별과 화해

나폴레옹이 실각한 후 푸리에는 루이 18세에게 충성을 서약했기 때문에, 이제르현의 지사로 계속 눌러 앉을 수 있었다. 평온하던 어느 날 푸리에는 엘바섬을 탈출한 나폴레옹이 파리를 향해 북상하고 있다는 소식을 들었다. 당시 푸리에는 그르노블에 있었는데, 사태가 위급하다고 부르봉 왕조에 보고하러 갔다

가 돌아왔을 때, 그르노블은 이미 나폴레옹에게 점령되어 있었다. 체포된 푸리에는 나폴레옹 앞에 끌려갔다. 지도를 펴놓고 작전을 짜고 있던 나폴레옹은 "어, 지사 양반이군. 당신도 나의 적이 됐군"하고 말했다. 푸리에 지사는 입속말로 중얼거리면서 대답했다.

"서약을 했기 때문에 그게 의무가 됐습니다."

"의무라고? 당신과 같은 의견을 가진 자는 한 사람도 없는걸. 당신은 나에 대한 작전 계획을 세워 놓은 모양인데, 나는 그 따위는 두려워하지 않아. 다만 내 적 가운데에 이집트 시절 빵을 함께 나눴던 동료가 있다는 게 괴롭군. 그분이 아니지. 당신이 지사가 된 건 누구 덕분이었지?"

푸리에는 부르봉 왕조에 대한 의무를 버리고 다시 나폴레옹에게 충성을 서약하기로 했다. 그 결과 이제르의 지사는 물러나야 했으나 대신 로느의 지사가 되었다.

그러나 이것도 오래 가지 못했다. 나폴레옹 정부는 백일천하로 끝나고, 부활한 루이 18세에 의해 푸리에는 모든 공직에서 추방되었다. 그 때문에 푸리에는 그날그날의 식량도 곤란한 생활을 강요받게 되었다. 그런 때에 에콜 폴리테크닉의 제자였던 센 지사가, 옛 스승에게 구원의 손길을 뻗어 푸리에는 통계국의 국장이 될 수 있었다. 루이 18세의 반대를 받으면서도 학자 푸리에는 학사원 회원으로 선출되어 연구에 전념했고, 학자로서 존경을 받으면서 평온한 만년을 보냈다.

* * * * *

푸리에는 젊었을 무렵 혁명에 적극적으로 참가했다. 나폴레옹에게 중용되었으면서도 나폴레옹을 버렸다. 백일천하로 다시 나폴레옹의 휘하로 들어갔기 때문에 복고한 부르봉 왕조 아래서 얼마 동안 불우하게 지내기는 했으나, 학자로서 평온한 만년을 보냈다. 푸리에의 일생은 우왕좌왕의 생애였다고 할 수 있을 것이다.

2. 그 밖의 수학자들

프랑스 혁명이나 나폴레옹 시대에 살았던 사람들은 많건 적건 간에 변동하는 사회의 영향을 받고 있었다. 자기 자신은 혁명의 테두리 밖에 있다고 생각하더라도, 집안의 누군가가 단두대에 세워지거나, 공직에서 추방당한 수학자들(ex. 앙페르) 말고도, 나폴레옹 전쟁에 종군한 수학자들(ex. 퐁슬레), 공포 정치 속에서 사람의 눈을 피해 숨어서 생활하거나, 간접적으로 혁명의 영향을 받은 수학자들(ex. 아르강), 또 혁명 정부가 창설한 학교, 예컨대 에콜 폴리테크닉 등에 입학하여 간접적으로 혁명의 혜택을 입은 수학자들(제르맹과 푸아송)이 있다. 외국인 중에도 나폴레옹의 침략 전쟁의 영향을 정면으로 받았던 수학자들(마스케로니, 루피니, 가우스 등)도 있다. 이 절에서는 지금까지 언급하지 않았던 수학자들 중에서 몇몇 사람을 소개하기로 한다.

◆ 마스케로니(1750~1800)

마스케로니(1750~1800)

마스케로니는 이탈리아 북부 밀라노에서 북동쪽으로 수십 킬로미터 떨어져 있는 카스타네트 마을에서 태어났다. 처음에는 문과계에 흥미를 가져 베르가모와 파비아의 중학교에서 그리스어와 시(詩)를 가르치고 있었다.

그 후 기하학을 연구하기 시작하여 1797년 『컴퍼스의 기하학교』(그 후 프랑스어, 독일어로 번역서가 나왔다)를 출판했다. 이 책에서 마스케로니는 '컴퍼스와 자로 작도할 수 있는 문제는 모두 컴퍼스만으로 작도할 수 있다'라고 주장하고 있다. 이 책은 나폴레옹의 관심을 끌어, 나폴레옹은 수학자들에게 '원주를 컴퍼스만으로 4등분 하라'는 문제를 내놓기도 했다.

1798년 도량형 제도를 확립하기 위한 국제회의가 파리에서 개최되었을 때 마스케로니는 이탈리아를 대표하여 출석했고 2년 후에 파리에서 사망했다.

◆ 루피니(1765~1823)

그는 로마 북방 베네르보의 바렌타노에서 태어났는데, 어릴 적에 가족과 함께 이탈리아 북부의 모데나로 옮겨가 일생을 거기서 보냈다. 모데나대학에서는 철학, 의학을 공부했고 성적이 뛰어났었다. 1788년 대학을 졸업하자 바로 그 대학의 해석학 담당 교수가 되었다.

1796년 나폴레옹이 모데나에 침입했을 때, 교직을 계속할 수 있는 조건으로 공화국에 충성을 서약하라고 강요받았으나 이를 거부했기 때문에 모든 공직을 잃었다. 루피니는 하는 수 없이 개업 의사로 생활해 가면서 연구를 계속했다.

1799년 『방정식의 일반 이론』을 발표했다. 이 가운데서 5차 이상의 방정식은 4칙과 멱근(冪根)에 의해서는 풀리지 않는다고 하는 '루피니-아벨의 정리'를 설명하고 있다. 이 루피니의 증명은 불완전하여 후에 아벨에 의해 완전한 것으로 정리되었다. 그는 이 논문 가운데서 치환군(置換群)을 연구하고 있는데, 루피니를 군론(群論) 창시자의 한 사람으로 꼽을 수 있다.

나폴레옹이 실각하자 다시 모데나대학으로 복귀하여 응용 수학과 임상 의학 교수를 겸임했다. 1814년에는 모데나대학의 학장이 되었다.

그는 생물체가 우연의 결과로 태어날 가능성에 대해서도 고찰했는데 이것은 현대적인 확률론의 선구적 연구라고 할 수 있다. 또 발진티푸스가 유행하여 그도 이에 감염되었는데, 자신의 병상의 진행을 과학적인 태도로 관찰하여 발진티푸스의 증상과 치료법에 대한 논문을 썼다.

모데나에서 56살로 일생을 마쳤다.

◆ 앙페르(1775~1836)

앙페르(1775~1836)

앙페르는 리옹 근교에서 태어나 어릴 적부터 천재라는 평판이 자자했다. 글자도 읽지 못하던 무렵부터 돌멩이를 사용하여 계산을 하고 있었다. 아파서 돌멩이를 빼앗긴 채 침대에 누워 있어야 했을 때에는 식사로 주는 비스킷을 먹지 않고, 그것을 계산 도구로 사용했다고 했다.

앙페르가 17살 때 치안 판사로 있던 아버지가 혁명 정부에 의해 체포, 처형되었다. 앙페르는 얼마 동안 슬픔에 잠겨 공부도 손에 잡히지 않았다. 1799년에 결혼했으나 4년 후에 아내가 병으로 죽고, 재혼을 했으나 곧 이혼하는 등 가정적으로는 매우 불운했다.

빈곤 속에서 고생하여 쓴 확률에 관한 논문이 인정되어 이듬해인 1803년 리옹 고등 수학 교사가 되었고, 그 이듬해에는 파리로 나와 에콜 폴리테크닉의 교사가 되고 1809년 교수로 승진했다. 1820년에는 콜레주 드 프랑스의 물리학 교수가 되었다.

1820년 전류에 의해 발생하는 자기장의 방향에 관한 '앙페르의 법칙'을 발견했다. 전류의 단위 '암페어'는 그의 이름을 딴 것이다.

앙페르는 침착성이 부족하고 꽤나 서두르는 성격이었던 것 같다. 강의에 열중하게 되면 손수건으로 칠판을 닦거나, 반대로 걸레로 자기 얼굴을 훔치기도 했다. 앙페르는 많은 방문객이 찾아오는 것이 번거로워, 자기 집 문 앞에다 '앙페르는 출타 중'이라는 팻말을 걸어 두고, 집에 있으면서도 없는 척했다고 한다. 어느 날 그가 외출을 나갔다가 생각에 잠긴 채 자기 집 문 앞에 섰다. '앙페르는 출타 중'이라는 팻말을 보고 '아, 그랬 었군. 출타 중이라면 하는 수가 없지. 다시 오기로 하자'라고 거리로 나갔다고 한다.

만년에는 금전상의 근심도 있어 건강을 해친 데다 고독한 가 운데서 61살의 생애를 마쳤다.

◆ 아르강(1768~1822)

아르강은 제네바에서 태어나 거기서 회계 담당자 노릇을 하 면서 생계를 꾸려가고 있다가 파리로 옮겨 1806년경 나폴레옹 통치 하의 파리에서 가족(아내와 자녀)과 살면서 서점을 경영한 것으로 알려져 있다. 아르강은 독학으로 수학을 연구했을 뿐 다른 수학자와는 전혀 교류가 없었다.

1806년 작은 책자 『허수(虛數)를 기하학적으로 표시하는 시론 (試論)』을 자비로 출판했다. 복소수(複素數)를 나타내는 평면을 현재는 가우스 평면이라고 부르고 있는데, 이에 대한 발표는 아르강이 가우스보다 먼저 했다. 실은 1798년 노르웨이의 측 량기사 베셀이 측량과 관련하여 복소수의 기하학 표시에 관한 논문을 내놓고 있었다. 그러나 덴마크어로 쓰여졌기 때문에 유 럽의 수학계에는 전해지지 않았던 것이다.

제르맹(1776~1831)   몽테큘라(1725~1799)

그 무렵 가우스도 같은 아이디어를 갖고 있었던 것 같은데, 공표는 하지 않고 있었다. 그런 의미에서 아르강의 논문은 유럽의 수학자들의 주의를 끌지 못했던 것 같으며, 1832년 정식으로 발표한 가우스가 유명해졌다.

◆ 제르맹(1776~1831)

소피 제르맹은 파리의 유복한 가정에서 태어났다. 몽테큘라의 『수학사(數學史)』를 읽고 수학에 마음이 끌려 독학으로 수학을 공부했다. 1794년 에콜 폴리테크닉이 개교하였으나 여성에게는 문호가 개방되지 않았다.

그래서 여러 교수들의 노트를 수집하여 공부했는데, 그중에서 라그랑주의 해석학에 흥미를 느꼈다. 과정을 마치면 교수에게 논문을 제출하는 관습에 따라 그녀는 그 학교에 다니는 남학생 르블랭의 이름을 빌려 라그랑주에게 자신의 논문을 제출했다. 라그랑주가 그 논문이 뛰어난 것에 경탄했기 때문에 그만 가짜 학생임이 드러나고 말았다. 그러나 라그랑주가 일부러 소피의 집으로 찾아가서 격려했을 때 소피는 크게 감격했다.

1801년 가우스가 『정수론(整數論) 연구』를 출판했을 때 그녀는 가우스에게 매료되어, 이번에도 르블랭의 가명을 써서 자신의 논문 몇 편을 가우스에게 보냈다. 가우스는 이 논문에 흥미를 갖게 되어 이후 두 사람은 편지를 교환했다.

1807년 나폴레옹이 가우스의 집 근처로 진격해 왔을 때, 소피는 가우스의 신변을 걱정하여 프랑스의 어느 장군에게 가우스의 안전을 확인해 달라는 부탁을 하고 그가 무사하다는 것을 알았다. 그런데 가우스는 자신의 신변을 염려해 주는 프랑스 여성의 이름을 듣기는 했으나 도무지 그녀가 누구인지를 알 수가 없었다. 얼마 후에 그 여성이 바로 자기가 편지를 교환하고 있는 르블랭이라는 가짜 이름을 사용한 장본인임을 알았다.

'내가 존경하는 서신 교환의 상대자 르블랭 씨가 이같이 훌륭한 여성으로 변모한 것을 보았을 때의 나의 놀라움을 어떻게 표현해야 하겠습니까?'로 시작되는 가우스의 편지는 수학에 관한 문제에 대해서 쓴 다음, 아래와 같이 맺고 있다.

'브라운슈바이크에서,

1807년 4월 30일, 나의 생일에'

이것을 계기로 소피와는 전보다 더욱 친밀하게 편지를 주고받기 시작했다.

프랑스 국립 학사원이 나폴레옹의 명에 의해 '실험 결과와 대비시킨 탄성 표면의 진동에 관한 수학 이론에 대한 논문'을 현상 모집했다. 소피는 1811년, 1813년, 1816년에 걸쳐 세 번을 도전하여, 세 번째에 최고상을 획득하여 일약 유명해졌다. 탄성이론(彈性理論)의 선구적 업적에 의해 그녀는 물리 수학의 창시자 중 한 사람으로 꼽히고 있다.

가우스는 그녀의 재능을 평가하여 명예박사의 학위를 증정하도록 괴팅겐대학의 교수회에 추천했다. 그러나 학위가 미처 수여되기 전에 그녀는 파리에서 폐암으로 일생을 마쳤다.

◆ 가우스(1777~1855)

세 살에 계산의 도사

그는 베를린 서쪽의 브라운슈바이크에서 태어났다. 아버지는 벽돌을 찍는 직공들의 보스였는데, 매주 토요일에 직공들의 급료를 계산하여 지불하고 있었다. 어느 날 급료를 계산하고 있는데 세 살짜리 가우스가 "아빠, 계산이 틀렸어!"하고 소리쳤다. 확인해 본 즉 가우스의 말이 옳았다. 어른들은 혀를 내두르며 깜짝 놀랐다고 한다. 가우스는 후에 "나는 말도 할 수 없는 어린 시절부터 계산을 할 수 있었다"라고 말한 적이 있다.

10살 때, 산수 시간에 '1에서부터 100까지의 수를 합산하라'는 문제가 나왔다. 학생들이 계산을 시작한 지 얼마 후에 가우스가 혼자 "끝났다!"하고 소리쳤다. 선생님은 그렇게 빨리 계산할 리가 없다고 생각하여 답을 물었더니 틀림없이 '5050'이라고 대답하지 않는가, 선생님이 어떻게 계산을 했느냐고 다시 물었다.

180

가우스(1777~1855)

가우스의 문장

1+100=2+99=······50+51=101이 되고, 101이 50개 있으므로 5050이라고 대답했다.

그 무렵부터 가우스는 선생님의 조수로 있던 18살의 바테르스(1769~1836)와 친하게 되어, 둘이서 이항정리(二項定理)와 무한급수를 공부했다(바테르스는 후에 카잔대학의 교수가 되었다).

15살에 소수의 분포, 19살에 정십칠각형 작도법을 완성

그는 14살 무렵 라틴어를 공부하기 시작하여 고전어에 대해서도 흥미를 가졌다. 한편 수학에 대한 관심도 높아서 산술기하평균(算術幾何平均)을 연구하고 있었다. 가우스의 부친은 아들에게 자기가 하는 직업을 이어가게 할 생각이었기 때문에 그를 상급 학교에 보낼 생각이 없었다. 그런데 가우스의 천재성을 안 브라운슈바이크의 영주 페르디난드 공(프랑스에 대한 브라운슈바이크 선언을 했다)이 학비를 지원해 주겠다고 약속하여 고등학교에 입학시켰다.

15살 무렵, 소수표를 정밀하게 조사하여 소수의 분포에 대해서 정확한 예상을 세웠다. 18살 때 페르디난드 공의 학자금 지

자연수 n에 대해서, 원에 내접하는 정n각형이(자와 컴퍼스만으로) 작도될 수 있기 위해 필요하고 충분한 조건은 소인수(素因數) 분해가

$$n = 2^m p_1, \cdots\cdots p_k 는 (m \geq 0, \ p_1, \ \cdots\cdots, p_k 는 모두 다른 \ 2^k + 1의$$

형태의 소수)이어야 한다.

가우스는 이것을 증명하고, 특별한 n=17인 경우의 작도법을 발명했다.

원을 받아 괴팅겐대학에 입학했다. 입학 당시는 자신의 전공을 수학으로 할 것인지, 언어학으로 할 것인지를 아직 결정하지 못하고 있었다.

19살의 생일을 맞이하기 한 달 전에 정십칠각형의 작도법을 발견했다. 어지간히 기뻤던 모양으로 그날부터 가우스의 수학 일기가 시작되었고, 자기의 무덤에는 정십칠각형을 새겨 달라고 친구 볼리아이에게 부탁하기까지 했다. 더욱이 이 날을 계기로 그는 수학을 전공하기로 결정했다.

21살에 대학을 졸업하기까지 정수론, 렘니스케이트(Lemniscate, 蓮珠形) 함수 등을 연구했다. 가우스는 무척 신중한 성격이어서 웬만한 일은 일기에 메모로 남겨 두었을 뿐, 외부에 공표하는 일이라곤 없었다. 가우스는

"나는 마음속으로부터 우러나오는 충동에 자극되어, 과학적인 일에 종사하고 있을 뿐이다. 남에게 도움을 주기 위해서 발표를 하느냐, 하지 않느냐 하는 것은 전적으로 제2의(第二義)적인 일이다."

라고 말하고 있다. 또 가우스의 문장(紋章)에는 '과소할망정 풍

요롭고 성숙'이라는 말이 쓰여 있었다. 이 말은 작품 수는 적어도 좋으나 충분히 성숙된 것이기를 바라는 그의 심정을 나타낸 것이다.

논문 발표가 적었던 '수학계의 왕'

22살의 가우스는

'계수(係數)가 복소수인 n차 방정식은 항상 n개의 복소수를 갖는다.'

는 '대수학의 기본 정리'를 증명하여 학위를 땄다. 1801년 가우스가 24살 때 명저 『정수론 연구』를 출판하여 19세기 정수론의 출발점이 되었다.

가우스는 27살에 결혼하여 이듬해에 장남이 태어났다. 이렇게 행복한 가운데 그는 보호자 페르디난드 공이 나폴레옹과의 전쟁에서 중상을 입고 곧 사망하는 슬픔을 맞는다. 보호자를 잃은 가우스는 가족을 거느리고 고향 브라운슈바이크를 떠나 괴팅겐대학으로 옮겨 갔다.

나폴레옹의 세력은 거기에도 미치고 있었다. 대학의 전 직원에 대해 전쟁세가 과세되고 있었다. 가우스는 부임한 직후여서 대학으로부터 아직 급료도 받지 못하고 있던 때라 고생이 매우 심했던 것 같다. 그의 난감한 사정을 알게 된 라플라스 등 프랑스 수학자들이 그에게 돈을 부쳐 주었다. 가우스는 후에 이자까지 계산하여 그 빚을 갚았다.

앞에서도 말했듯이, 가우스는 많은 논문을 발표하지 않았다. 어떤 사람이 자신의 수학적 발견에 대해 상의하자 그것은 이미 몇 해 전에 나도 생각한 적이 있다고 말하여 많은 사람들의 마

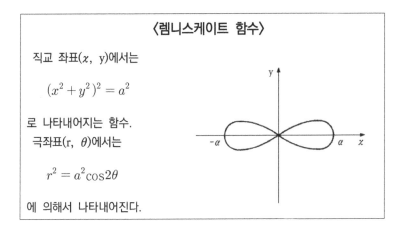

〈렘니스케이트 함수〉

직교 좌표(x, y)에서는

$$(x^2 + y^2)^2 = a^2$$

로 나타내어지는 함수.
극좌표(r, θ)에서는

$$r^2 = a^2 \cos 2\theta$$

에 의해서 나타내어진다.

음을 상하게 했다. 그것이 비록 사실이었다고 하더라도 그 말을 들은 당사자에게는 싫은 일이었을 것이 틀림없다. 가우스는 남보다 먼저 발견하여 그것을 증명하고 있었는지는 몰라도 발표를 하지 않았기 때문에 아무런 가치가 없는 것이었다. 그런 의미에서 설사 위대한 수학자 가우스가 없었다고 한들, 수학의 발전에는 아무 영향도 없지 않았겠느냐고 하는 의견이 나오는 것도 당연한 일이라 할 것이다.

가우스는 '수학계의 왕'이었을 뿐만 아니라, 천문학과 전기 및 자기 현상의 물리학에서도 많은 발자취를 남겨 놓았다. 87살의 고령으로 괴팅겐에서 사망했다.

◆ 푸아송(1781~1840)

푸아송은 파리 남쪽의 비테르보에서 태어났다. 아버지는 군

의 사병이었으나 퇴역한 후 고향으로
돌아와 촌장을 지내는 등 마을의 유
지였다. 아버지는 푸아송을 군의관으
로 만들기 위해 숙부 밑에서 수업하
게 했다. 그런데 최초의 환자가 수술
을 받고 죽자 그는 절망하여 의사가
되는 것을 단념했다. 17살 때 에콜
폴리테크닉에 수석으로 입학하여 라
그랑주와 라플라스의 가르침을 받았

푸아송(1781~1840)

다. 18살 때 차분 방정식(差分方程式)에 관한 논문을 써서 라그
랑주의 인정을 받아 잡지에 실렸다.

1800년 에콜 폴리테크닉의 졸업과 동시에 이 학교의 강사가
되었고, 1809년 파리대학의 수학 교수가 되었다. 그는 사회주
의자였으나, 정치 운동에는 적극적으로 참가하지 않았다. 그저
즐기면서 수학 연구에 종사하고 있었다고 할 수 있다.

현대 수학 가운데는 푸아송 적분, 푸아송의 미분 방정식, 푸
아송 분포, 푸아송 과정 등 푸아송의 이름이 붙여진 것이 많다.
그만큼 그는 현재에도 큰 영향을 미치고 있다. 58살에 파리에
서 생을 마감했다.

◆ 퐁슬레(1788~1867)

퐁슬레는 프랑스 동부 메츠의 자산가의 사생아로 태어났다.
산타볼의 한 가정에서 양육되고 그곳에서 초등 교육을 받았다.

16살 때 메츠로 돌아와서 중학교에 들
어갔다. 1807년 에콜 폴리테크닉에 입
학하여 3년간을 파리에서 보낸 뒤 메
츠로 돌아와 공병사관학교에 진학했다.
  1812년 사관학교를 졸업하자 네덜
란드의 바르헤렌섬의 요새 공사에 종
사했다. 6월에 공병 중위로 승진하는
동시에 나폴레옹의 러시아 원정군의
공병대 사령부 요원으로 배속되었다.

퐁슬레(1788~1867)

  9월 14일 모스크바를 점령했으나 모스크바는 초토화되어 있
었고, 식량도 없는 데다 병사들이 쉴 집조차 없었다. 엄동설한
은 코앞에 다가왔고 부득이 프랑스군은 모스크바로부터 철퇴하
게 되었다. 퐁슬레 중위는 철퇴군의 맨 후미를 지키는 네이 장
군 휘하에 있었다. 꽁꽁 얼어붙은 드네프르 강변에 있는 크라
스노이에서 전군이 도강하기까지 적군으로부터 아군을 보호하
는 것이 퐁슬레 등의 임무였다. 먼저 나폴레옹 황제를 도하시
키고, 네이 장군이 무사히 건널 때까지 퐁슬레 중위 등은 사수
했지만, 러시아군의 맹공격을 받아 마침내 패배했다.
  퐁슬레는 얼어붙은 전쟁터에서 전사자로 팽개쳐져 있었다.
다행히 공병 장교의 군복을 입고 있던 것이 적군 장교의 눈에
띄었고, 아직도 목숨이 붙어 있다고 하여 심문을 위해 연행되
었다.
  포로가 된 퐁슬레 등은 누더기가 된 군복을 걸치고, 찢어진
신을 끌면서, 약간의 흑빵을 배급받아 영하 39도의 얼어붙은
들판을 약 5개월에 걸쳐 행군했다. 동상에 걸려 움직일 수 없

게 된 사람, 병으로 쓰러지는 사람 등 전우들은 속속 비참한 최후를 마쳤다. 튼튼한 몸을 가졌던 퐁슬레는 용케도 그 시련을 이겨내어 1813년 3월, 볼가 강변의 사라토프 포로수용소에 당도할 수 있었다.

수용소에 수용되어 얼마 동안은 아무것도 할 기력이 없었으나, 4월의 빛나는 태양이 내리쬘 무렵부터 차츰 힘을 회복하고, 학생 시절 몽주에게서 배운 것을 회상하였다. 책도, 종이도 없는 데다 수학을 얘기할 상대조차 없는 상태에서도 퐁슬레는 머릿속으로 생각을 정리하고 있었다.

몽주의 강의 외에도 카르노의 저서 『위치의 기하학』, 『횡단선론』도 회상하곤 했다. 감옥 벽에 화롯불의 숯 찌꺼기를 사용하여 작도하기도 했다고 한다. 노트와 연필이 손에 들어와 1814년 9월에 프랑스로 귀국할 때는 일곱 권의 노트를 갖고 있었다. 이 노트야말로 사영 기하학(射影幾何學)을 만든 작품이었던 것이다.

프랑스로 돌아오자 메츠 포병 공장의 기술사관으로 근무했다. 공무가 바빠 수학 연구를 계속할 여유가 없었으나, 1822년 포로 시절의 성과를 정리하여 『도형의 사영적(射影的) 성질에 대한 개요』를 출판했다.

이 책이 출판되었을 때 퐁슬레의 '연속의 원리'에 대한 해석학자, 특히 코시의 비판이 매우 준엄했다. 퐁슬레의 증명은 부족한 부분이 있기는 했지만 예리한 직관에 의해 도형의 본질을 간파하고 있었다.

코시와의 논쟁에 지쳐 있던 무렵, 그는 프랑스 동부의 메츠에 있는 실천(實踐)대학의 응용역학 교수로 초빙되어 정력적으

〈연속의 원리〉

도형의 요소(점이나 직선 등) 사이에 성립하는 일반적 성질은 이 도형을 연속적으로 위치를 바꾸어도 변화하지 않는다고 주장하는 원리다. 이 원리가 예외 없이 적용될 수 있도록 하기 위해 퐁슬레는 '허(虛)의 요소'를 도입했다.

2개의 직선은 항상 한 점에서 직교한다. 그러나 직선을 연속적으로 회전시켜, 한쪽 직선과 평행이 되는 경우도 '허점'에서 직교하고 있는 것으로 생각한다. 또 두 원은 항상 두 점에서 직교한다. 직교하고 있지 않은 두 원의 경우도 '허점'에서 직교한다고 생각하는 것이다.

로 역학을 공부했다. 1829년 『공업역학 입문』을 출판하여 호평을 받았다. 수차(水車)와 도개교(跳開橋)의 개량에도 착수하여 그 성과에 의해 '공업역학의 아버지'로 불리게 되었고, 또 수학 방면에서는 '사영 기하학의 아버지'로 불리기도 한다.

1830년 메츠의 시의회 의원으로 선출되고, 1834년에는 국립학사원의 기계부문 회원으로 선출되었다. 1834년부터 14년간을 파리대학 이학부 교수로, 1848년부터 2년간은 에콜 폴리테크닉의 교장으로 근무했다.

후기

프랑스 혁명에 의해 탄생한 에콜 폴리테크닉은 과학 기술자의 양성을 목적으로 하고 있었다. 그 때문에 에콜 폴리테크닉에서의 지도 정신 중 하나는 이론과 응용의 종합이었다.

수학도 응용과 결부된 수학이어야 하며, 과학 기술의 무기로서의 수학이었다. 따라서 학생들은 기초적인 기본으로서 수학을 충분히 배워야 했다. 이같이 강력한 수학적 무기를 손에 넣은 에콜 폴리테크닉의 졸업생들은 물리, 화학, 공업 등을 활용하는 사회로 나가서, 자연 현상을 수학적 모델에 의해서 파악하고 처리하게 되었다. 그 때문에 19세기의 자연과학, 과학 기술은 눈부시게 발달하였고, 미분 방정식에 의해 제반 현상을 기술할 수 있다고 하는 과학관(科學觀)이 태어나게 되었다.

응용을 중시하는 프랑스의 수학에 대한 반동으로 독일에서 '과학을 위한 과학'의 기풍이 태어났다. 독일의 젊은 수학자 야코비의 명저 『타원 함수론』에 대해, 프랑스의 수학자 푸리에는 '자연 현상 속에는 열전도의 문체처럼 아직도 미해결인 문제가 많은데도 타원 함수와 같은 쓸모없는 문제에다 시간을 낭비하고 있다'고 비판했다. 야코비는 그 비판에 대답하여 다음과 같이 말하고 있다.

'푸리에 씨의 의견으로는 수학의 근본적인 목적은 공공의 도움이 되는 것과 자연 현상을 설명하는 것에 있다고 한다. 그러나 내가 생각하기로 과학의 유일한 목적은 인간 정신의 명예에 있다고 생각한다. 이를테면 수에 대한 문제라도 세계의 질서에 대한 문제와 같

은 가치를 지니는 것이다.'

　프랑스의 수학관(數學觀)과 독일의 수학관 중 어느 쪽이 승리를 차지했을까? 앞에서도 언급했듯이 19세기의 과학 기술의 진전이라고 하는 측면에서 볼 것 같으면 프랑스 수학의 승리였다고도 볼 수 있다. 그러나 19세기부터 20세기 이후의 순수 수학의 발전을 살펴보면 인간 정신의 명예라고 하는 야코비가 주장하는 방향으로 나아가고 있다고 볼 수도 있다.

　순수하게 수학적인 문제의식에 의해서 창출된 비유클리드 기하학이 뜻밖에도 우주의 구조에 대한 학문인 상대성 이론 속에 이용되거나, 순수 대수학의 이론인 군론(群論)이 결정학(結晶學)이나 양자역학(量子力學)뿐 아니라, 심리학과 인류학 분야에서도 응용되고 있다. 또 20세기에 들어와서 발달한 기호 논리학(記號論理學)이 컴퓨터 과학과 언어학 가운데서도 응용되고 있다. 이같이 응용을 의도하지 않고, 순수하게 인간 이성(理性)의 요구를 쫓아서 연구한 학문이 도리어 실용에 제공되는 어떤 측면을 갖고 있는 듯이 생각된다. 그것은 인간 지성(知性)이 일반성을 요구하는 경향을 지니고 있기 때문일 것이다. 일반적이고 보편적인 것은 모든 것에 적용되어 폭넓은 응용을 기대할 수 있기 때문이다.

　계몽주의 사상에 의한 인간 이성의 앙양은 프랑스 혁명 가운데서 이성의 산물인 수학을 무기로 삼는 자연과학을 탄생하게 했고, 나아가 보편을 요구하는 순수 과학과 순수 수학으로 발전해왔다.

　그러나 현재는 반성 없는 과학 기술이 공해를 낳아, 과학에 대한 인간성의 부활이 요청되고 있다. 지금이야말로 인류를 위

한 과학을 수립하려 했던 프랑스 혁명에서의 과학자와 수학자
들의 태도를 다시 음미해야 할 때인지도 모른다.

끝으로 사사로운 일이기는 하지만, 이 책 속의 사진과 도판
의 수록에 있어서는 고베(新戶)대학 도서관 여러분의 도움을 받
았다. 고단사(講談社) 과학 도서 출판부의 오에(大江千尋) 씨에게
는 여느 때처럼 무척 많은 신세를 졌다. 더불어 감사를 드린다.

이 책이 많은 사람들에게 읽히고, 수학에 대한 냉담한 이미
지를 불식하는 데 하나의 도움이 되었으면 하고 기대한다.

프랑스 혁명과 수학자들

데카르트로부터 가우스까지

초판 1쇄 1991년 02월 15일
개정 1쇄 2020년 03월 24일

지은이 다무라 사부로
옮긴이 손영수·성영곤
펴낸이 손영일
펴낸곳 전파과학사
주소 서울시 서대문구 증가로 18, 204호
등록 1956. 7. 23. 등록 제10-89호
전화 (02)333-8877(8855)
FAX (02)334-8092
홈페이지 www.s-wave.co.kr
E-mail chonpa2@hanmail.net
공식블로그 http://blog.naver.com/siencia

ISBN 978-89-7044-927-2 (03410)
파본은 구입처에서 교환해 드립니다.
정가는 커버에 표시되어 있습니다.

도서목록
현대과학신서

도서목록
BLUE BACKS